于川 编著

愤怒的
鹦鹉

FENNUDE
YINGWU

中国出版集团
现代出版社

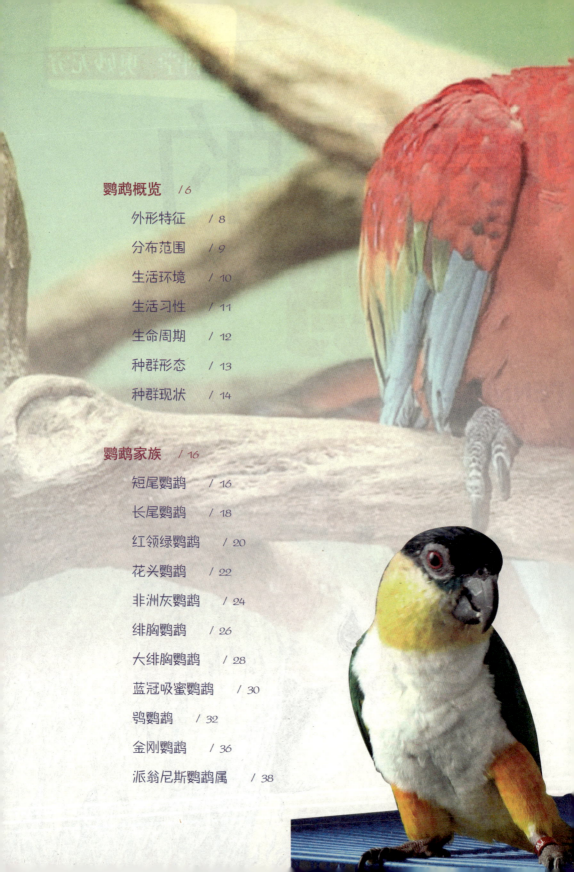

鹦鹉概览 /6

外形特征 / 8

分布范围 / 9

生活环境 / 10

生活习性 / 11

生命周期 / 12

种群形态 / 13

种群现状 / 14

鹦鹉家族 / 16

短尾鹦鹉 / 16

长尾鹦鹉 / 18

红领绿鹦鹉 / 20

花头鹦鹉 / 22

非洲灰鹦鹉 / 24

绯胸鹦鹉 / 26

大绯胸鹦鹉 / 28

蓝冠吸蜜鹦鹉 / 30

鸮鹦鹉 / 32

金刚鹦鹉 / 36

派翁尼斯鹦鹉属 / 38

斑翅鹦鹉属   / 40

凯克鹦鹉   / 42

环领鹦鹉族   / 45

无花果鹦鹉   / 46

华贵折衷鹦鹉   / 48

亚马孙鹦鹉   / 50

葵花凤头鹦鹉   / 52

啄羊鹦鹉   / 54

情侣鹦鹉 / 58

埃塞俄比亚爱情鸟   / 60

黑领情侣鹦鹉   / 61

桃脸情侣鹦鹉   / 62

红脸情侣鹦鹉   / 64

面罩情侣鹦鹉   / 66

黑脸情侣鹦鹉   / 67

尼亚萨湖情侣鹦鹉   / 69

费氏情侣鹦鹉   / 71

灰头情侣鹦鹉   / 72

目 录

鹦鹉有"文化" / 74

　　表演才能　/ 76

　　模仿技能　/ 78

　　鹦鹉有自己的"名字"　/ 79

　　"预知"未来　/ 81

　　鹦鹉救灾　/ 82

　　鹦鹉提供证据　/ 84

　　鹦鹉助破案　/ 86

鹦鹉学舌 / 90

　　动物界中，为何鹦鹉会说话　/ 90

　　不可思议的语言　/ 92

　　金刚鹦鹉效仿人言　/ 96

　　训鹦学舌　/ 97

鹦鹉轶事 / 98

　　古书中的鹦鹉趣闻　/ 98

　　你知道《里约大冒险》中的主角已灭绝了吗　/ 102

宠物鹦鹉 / 104

　　宠物训练　/ 104

　　你了解鹦鹉的依赖性吗　/ 106

　　同品种的鹦鹉习性相同吗　/ 107

　　你了解鹦鹉的紧张和恐惧吗　/ 108

鹦鹉也有小脾气吗 / 109

如何理解鹦鹉的好奇心 / 110

鹦鹉的大小和智力程度有关系吗 / 111

鹦鹉可以陪伴我们多久 / 112

家养鹦鹉的"天敌"有哪些 / 114

哪个性别的鹦鹉宠物性更好 / 115

知道鹦鹉也有左撇子吗 / 116

鹦鹉的玩具有多重要 / 117

鹦鹉脚环有什么用 / 118

栖杆与鹦鹉健康有什么关系 / 119

养鹦鹉需要怎样的环境 / 122

鹦鹉饮食 / 124

鹦鹉为什么爱睡觉 / 125

为什么不要鹦鹉站在肩上 / 126

如何保持鹦鹉的体温 / 127

外出时如何安置鹦鹉 / 128

哪些植物对鹦鹉有害 / 128

如何判断鹦鹉的年龄 / 130

鹦鹉可以杂交吗 / 130

鹦鹉也会中暑吗 / 132

如何解决啄羽问题 / 133

鹦鹉养殖过程中的问题 / 134

鹦鹉疾病防治 / 135

目录

● 鹦鹉概览

提起鹦鹉，我们的第一反应总是"未见其'人'，先闻其声"，鹦鹉学舌的本领家喻户晓。同时，鹦鹉艳丽的羽毛也为人们所钟爱。下面我们就走进"五言"六色的鹦鹉世界，来深入了解它们的种类、生活和文化，如果你想养一只宠物鹦鹉，这里还可以教给你一些小窍门，等不及了吧？

鹦鹉指鹦形目众多艳丽、爱叫的鸟。它们以美丽无比的羽毛、善学人语的特点，更为人们所欣赏和钟爱。这些属于鹦形目的飞禽，分布在温带、亚热带、热带的广大地域。鹦形目有鹦鹉科与凤头鹦鹉科两科，种类非常繁多，有82属358种，是鸟类最大的科之一。

外形特征 〉

鹦鹉是典型的攀禽,对趾型足,两趾向前两趾向后,适合抓握,鹦鹉的喙强劲有力,可以啄食坚果。鹦鹉主要是热带、亚热带森林中羽色鲜艳的食果鸟类。鹦鹉中体型最大的当属紫蓝金刚鹦鹉,身长可达100cm,分布在南美的玻利维亚和巴西。虽然在某些地区常见,但人们为盈利而大量诱捕,已使它们面临严重威胁。较小的是生活在马来半岛、苏门答腊、婆罗洲一带的蓝冠短尾鹦鹉,身长仅有12cm,这些鹦鹉携带巢材的方式很特别,不是用那弯而有力的喙,而是将巢材塞进很短的尾羽中,同类的其他情侣鹦鹉,也是用这种方式携材筑巢的。侏鹦鹉属有6种,全长都在10厘米以内,仅见于新几内亚和附近岛屿。这是鹦形目中最小的。

分布范围 >

鹦鹉类在世界各地的热带地区都有分布。在南半球有些种类扩展到温带地区，也有一些种类分布到遥远的海岛上。鹦鹉在拉丁美洲和大洋洲的种类最多，在非洲和亚洲种类要少得多，但在非洲却有一些很有名的种类，如灰鹦鹉、情侣鹦鹉、牡丹鹦鹉。拉丁美洲的鹦鹉中最著名的是各种大型的金刚鹦鹉。大洋洲的鹦鹉比拉丁美洲更加多样化，包括一些人们最熟悉的、最美丽和最独特的鹦鹉。其中澳洲的虎皮鹦鹉和葵花凤头鹦鹉等是人们最熟悉的鹦鹉。新西兰的鸮鹦鹉是已经失去了飞翔能力的大型鹦鹉，而新西兰的啄羊鹦鹉则进化出了一定的肉食倾向，啄羊鹦鹉也是分布最高的鹦鹉之一。大洋洲种类繁多的吸蜜鹦鹉则属于最美丽的鸟类，比如斐济的蓝冠吸蜜鹦鹉。鹦鹉是人们喜欢饲养的宠物，其野生种群也因此而受到威胁，很多种类都成为了濒危物种。我国原产的鹦鹉只有7种，分别是大绯胸鹦鹉、绯胸鹦鹉、灰鹦鹉、花头鹦鹉、红领绿鹦鹉、长尾鹦鹉、短尾鹦鹉，全部是国家二级保护野生动物。

生活环境 〉

　　鸟儿的耐热程度远远比人要高,它们虽然可以耐热,但不能耐潮,爱鸟的朋友们很多人在家中养着鹦鹉。这种鸟类并不像猫犬那样怕热,但是它们最怕的就是潮湿。像夏天到秋天这段时间,阴雨连绵,这样的天气对于鹦鹉来说真是糟糕透顶。如果空气闷热,氧分子减少,鹦鹉的身体会感到极度的不适应,在这个时候,主人最好开启空调,对室内空气进行降温除湿,同时不要把鹦鹉放在空气不流通的阳台上。如果是冬天,尽可能让鹦鹉呆在没有空气加湿器的屋子里,以防受潮生病。暖气倒不会对鹦鹉造成任何威胁。在它们看来,潮比热更可怕。

生活习性 >

　　鹦鹉类羽毛大多色彩绚丽，鸣叫响亮，那独具特色的钩喙使人们很容易识别这些艳丽的鸟儿。鹦鹉种类主要生活于低地热带森林，也常飞至果园、农田和空旷草场地中。分布于山地的鹦鹉种类较少，如巴布亚吸蜜鹦鹉、约翰氏吸蜜鹦鹉及国内的大绯胸鹦鹉等。它们一般以配偶和家族形成小群活动，栖息在林中树枝上，主要以树洞为巢。

　　大多数鹦鹉主食树上或者地面上的植物果实、种子、坚果、浆果、嫩芽嫩枝等，兼食少量昆虫。吸蜜鹦鹉类则主食花粉、花蜜及柔软多汁的果实。

　　鹦鹉在取食过程中，常以强大的钩状喙嘴与灵活的对趾形足配合完成。对趾形足，两趾向前两趾向后，适合抓握，在树冠中攀缘寻食时，首先用嘴咬住树枝，然后双脚跟上；当行走于坚固的树干上时，则把嘴的尖部插入树中平衡身体，以加快运动速度；吃食时，常用其中一足充当"手"握着食物，将食物塞入口中。

　　曾有人观察过饲养的10多种鹦鹉在取食中使用左、右脚的频率，发现超过72%的个体多向于用左脚抓食。对后肢肌肉的比较解剖发现，常以左脚抓食的，其左脚明显长于右脚，善用右脚抓食的，右脚仅微长于左脚。

　　也有特例：如深山鹦鹉，这种生活在大洋洲新西兰山区灌木丛中的鹦鹉体型大，羽毛丰厚，独具一张又长又尖的嘴。除了具有其他鹦鹉的食性外，还喜食昆虫、螃蟹、腐肉。甚至跳到绵羊背上用坚硬的长喙啄食羊肉，弄得活羊鲜血淋淋，所以当地的新西兰牧民也称其为啄羊鹦鹉。

11

生命周期 〉

　　鹦鹉的品种不同寿命也不同，一般小型鹦鹉类7~20年，中大型鹦鹉平均寿命为30~60年，一些中型鹦鹉可以活到80岁左右，如葵花凤头鹦鹉、亚马孙鹦鹉、灰鹦鹉等。世界上最长寿的鸟就是一只鹦鹉，它是一只亚马孙鹦鹉，名叫詹米，生于英国利物浦1870年12月3日，死于1975年11月5日，享年105岁，是鸟类中的老寿星。

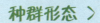

种群形态 〉

　　鹦鹉种类繁多，形态各异，羽色艳丽。有华贵高雅的紫蓝金刚鹦鹉、全身洁白头戴黄冠的葵花凤头鹦鹉、能言善语的亚马孙鹦鹉、五彩缤纷的彩虹吸蜜鹦鹦鹉、小型葵花似的玄凤鹦鹉、小巧玲珑的虎皮鹦鹉和牡丹鹦鹉、大红大绿的折衷鹦鹉、形状如鸽的非洲灰鹦鹉……泰国2001年发行了一套鹦鹉邮票，分别是绯胸鹦鹉、亚历山大鹦鹉、短尾鹦鹉、花头鹦鹉；其中绯胸鹦鹉、花头鹦鹉在中国境内都有野生种群。绯胸鹦鹉分为大绯胸和小绯胸两种，尤以大绯胸鹦鹉为最，是驰名中外的笼鸟，主要产于我国四川省及西藏东部云南北部，也称大紫胸鹦鹉、四川鹦鹉。

13

种群现状 〉

随着人类文明足迹的延伸，工业化程度的发展，这些美丽的鸟也同样面临生存环境的恶化，种群锐减，一些种类已经或接近灭绝。新西兰的鸮鹦鹉，是唯一夜行性的在地面上爬行的鹦鹉科鸟类。它们原来分布于新西兰南部、司图尔特和其他岛屿，由于栖息地的老鼠和鼬而濒临灭绝。以塔布堤岛命名的塔布吸蜜鹦鹉，已在它的祖籍南太平洋的这个小岛上绝迹，人们顾及它的名实相符，只有新从库克群岛引进，但仍岌岌可危。这两种鹦鹉的天敌是鼠和猫，而它们在原籍生活了千百年，世代繁衍，少有天敌。是人类活动的踪迹打破了这里的和平与宁静，船把开拓者、旅行者送到这些岛屿上的同时也将鼠和猫送上了岛。这些杀手吞吃鸟蛋和幼雏，让它们陷入灭顶之灾。无奈，世界野生动物保护组织将幸存者迁往没有天敌的岛屿，不再公之于众。我们今后也只能在图片和邮票上看到这些美丽的鹦鹉了。

鸮鹦鹉

> ### 华盛顿公约与鹦鹉的关系

保护动物是我们每个人的责任，这里有必要提一下华盛顿公约。鹦形目的鸟在国际交易上除了虎皮鹦鹉及玄凤鹦鹉等2种之外，全部都在"CITES"的规范之内。"CITES"是 Convention on International Trade in Endangered Species of Wild Fauna and Flora 的简称，通称为《华盛顿公约》，正式的名称为《濒临绝种野生动植物国际贸易公约》。

华盛顿公约成立的由来，最早是在1972年6月的"联合国人类环境会议"（斯德哥尔摩）中，提出了尽早举办关于野生动植物的进出口条约的采择会议，于是在1973年2月由美国政府主办，在华盛顿举行了条约采择的全权会议，并在各年的3月3日确定采择。经国务院批准，中国于1980年12月25日加入了这个公约，并于1981年4月8日对中国正式生效。

条约的目的在于管制有灭绝危机的野生动植物的国际交易行为，抑制毫无限制的捕获及采集，进而达到保护的目的。其根本的想法是，由消费国与原产国的合作，使消费者端的交易受到限制（消费抑制），进而达到保护原产国物种的生存。

条约是针对目前有灭绝危机的物种或往后可能有灭绝危机的物种，以目前正受到国际交易的影响，及未来可能受到影响的数千种野生动植物为对象，依照保护的必要性分为3级，并根据不同的附录确定交易规范内容。

15

● 鹦鹉家族

短尾鹦鹉 >

短尾鹦鹉又名印度小鹦鹉，俗名倒挂子。主要分布在中国的云南（西盟山）、印度、锡金、孟加拉、斯里兰卡、中南半岛。羽毛为绿色，体型很小，加上尾巴也只有14cm左右。这种鹦鹉特征为红嘴红腰，翼下为青绿色带绿色翼衬。雄鸟喉蓝，虹膜黄色，嘴红色，脚黄色。飞行时发出高音尖叫tsee–sip或pee–zeez–eet。分布于印度、中国南部、东南亚及爪哇。热带及亚热带常绿林中的不常见留鸟。

常食果实（尤其喜爱无花果和番石榴）、浆果、花、花蜜和种子；对庄稼有一定破坏；喜食Toddy（棕榈酒），有时喝得太多甚至会摇摇摆摆。栖息在平原或低山地带的林木茂盛地方及耕地的植物丛中，尤其是多花的树木。

短尾鹦鹉每年1—4月繁殖，每窝产卵3~4枚。在枯树或树洞中营巢，通常离地不高，雌鸟通过腰部羽毛携带巢材，雌雄共同孵卵和育雏，卵19.1mm×15.8mm。

> **短尾鹦鹉的古文记载**

　　[宋]苏轼："岭南珍禽有倒挂子。绿毛红喙，如鹦鹉而小，自东海来，非尘埃中物也。"

　　[宋]庄绰《鸡肋编》："广南有绿羽丹觜禽，其大如雀，状类鹦鹉，栖集皆倒悬于枝上，土人呼为倒挂。"

苏轼画像

长尾鹦鹉 ＞

长尾鹦鹉是鹦形目、鹦鹉科的鸟类，共有5种亚种。主要栖息地为马来西亚南部、新加坡、婆罗洲、苏门达腊、印尼的奈氏岛、曼谷、中国四川等地。

这种鹦鹉鸟体为绿色，喉咙、胸部和腹部为黄绿色；眼睛和鸟喙之间蓝黑色；头顶深绿色，头部两侧和颈部为玫瑰红色，下巴和脸颊下方有一圈黑色的环状羽毛；背部上方为黄色，并带有点蓝灰色，背部下方浅蓝色；翅膀内侧覆羽黄色；尾巴上方和内侧覆羽、大腿的羽毛均为浅或绿色；中间尾羽为蓝色，尖端颜色较浅；上鸟喙红色，下鸟喙黑棕色；虹膜黄白色。母鸟颈部为绿色，脸颊下方的环状羽毛为绿色，脸颊上方为深橘红色，尾羽较短，上下鸟喙均为黑棕色。幼鸟头部大部分为绿色，仅点缀的散布些橘红色；年幼的公鸟背部下方会出现少许蓝色；尾羽较短；上下鸟喙均为棕色，有些年幼的公鸟上喙会出现一点红色；幼鸟需要30个月才能长到和成鸟相同的羽色。

长尾鹦鹉主要栖息于森林地区、红树林区、沼泽区、雨林边缘、次要林区、部分被开垦的地区、棕榈园区；偶尔也会前往市郊，在公园或者花园的高大树木

上休憩。它们平时至多组成20只左右的群体，以前数量多的时候曾经有聚集过800只的记录；可能有着季节性迁移的习性，迁移的地点完全视食物充足与否来决定；有时候它们会和当地另外一种蓝臀鹦鹉一起在树顶觅食。平时不会一直停留在原处，会不停地移动觅食，有时先快速地爬到树枝上，然后再飞往隔壁的树上；它们的叫声相当嘈杂，因此很远就可以听见；它们在清晨日出后立刻就会出发

觅食, 大多在树木的高处活动, 下午它们仍旧会继续觅食, 直到天色昏暗它们才会飞回栖息的树木上过夜。

长尾鹦鹉主要以水果（露兜树和木瓜树的果实）、种子、花朵、植物嫩芽、树木嫩叶等为食。有时会前往油棕榈园觅食, 造成作物相当程度的损害。

长尾鹦鹉在野外的繁殖季为2月到7月, 大多会将巢筑在空心树干或是枯死树洞内; 人工饲养的长尾鹦鹉非常罕见, 因为它们不易配对, 加上死亡率高。长尾鹦鹉一次会产下4~5枚卵, 孵化期23天, 幼鸟羽毛长成约需7周, 幼鸟在离巢后14天即可独立。长尾鹦鹉的母鸟非常强势, 时常发生将公鸟咬伤甚至咬死的情况, 因此需要循序渐进地配对, 如果发现母

鸟攻击公鸟的情况则需要立即将公鸟取出, 以免发生憾事。

19

红领绿鹦鹉 〉

红领绿鹦鹉是鹦形目鹦鹉科的鸟类，共有4个亚种。体长38~42cm，体重108克左右，是长尾的绿色鹦鹉。嘴红色；尾蓝色，端黄；雄鸟头绿，枕偏蓝，上体深草绿色，下体与上体同色但较浅。颈基部有一条环绕颈后和两侧的粉红色宽带；从颈前向颈侧环绕有半环形黑领带。雌鸟整个头均为绿色。它的幼鸟和雌鸟长相类似，鸟喙为浅粉红色，要到至少18个月大才会开始发育为成鸟的羽色，完全变成成鸟的羽色至少需要32~36个月。

红领绿鹦鹉的分布范围横跨亚非两大陆，十分广阔，从非洲北部的潮湿森林往东一直分布到亚洲南部的国家，非洲分布的国家包括毛里塔尼亚、塞内加尔、几内亚比绍、科特迪瓦北部、尼日利亚南部、加纳北部、布基纳法索、多哥、贝宁、尼日利亚、喀麦隆、马里、乍得南部、中非共和国北部、苏丹北部、乌干达南部、埃塞俄比亚、吉布提、索马里西北部；在亚洲分布的国家则从巴基斯坦西部起，经尼泊尔南部、印度、尼泊尔、不丹、孟加拉国、斯里兰卡到缅甸中部；也有许多族群引入到美国、英国、荷兰、德国、埃及北部、肯尼亚、科特迪瓦沿岸、南非和新加坡。中国仅有广东亚种，分布于福建福州市、广东珠海、万山群岛和附近沿海、香港和澳门一带。

它主要栖息于各种森林和各种型态的开阔乡村地区、刺丛平原区、干燥的森林地区、开阔的次要林区、草原等地区，在亚洲它们栖息在海拔1600m以下的地区，在非洲则是在海拔2000m以下，时常出现于农耕区、市郊区、公园、花园、甚至城市中的公共场所；有时候会前往果园和咖啡园觅食，在许多地区均被当成农业害鸟。

红领绿鹦鹉为留鸟，常成群活动，有时与灰喜鹊、八哥、鸦类等在一起活动。叫声嘈杂，特别是早晨和傍晚，常常发出"嘎——嘎——"的连续叫声。飞行快而有力，有时飞得很高，然后又突然降落到树上。大部分都以小群活动，会聚集相

当可观的数量于觅食地点或是栖息的树木附近，偶尔会高达上百只。生性非常嘈杂，因此非常明显易见，个性并不十分怕人；它们平时习惯待在同一个地区，只有在觅食的时候才会迁移到其他区域；飞行的时候相当快速，并会伴随尖锐刺耳的鸣叫声。

在野外的繁殖期因地而异，在印度为12月到翌年5月、斯里兰卡为11月到次年6月、在非洲的繁殖期为8~11月。通常会寻找高大树木，在树洞中筑巢，在印度当地也会到房屋的墙壁裂缝中筑巢。

花头鹦鹉 >

花头鹦鹉身长约为30cm，鸟体为绿色，主要栖息海拔于约1500米的森林地带、次生林区和部分被开垦过的地区、干燥以及潮湿的热带草原等地。尤其偏好在森林和农耕区的边界活动。花头鹦鹉在缅甸的繁殖季为3~5月；人工饲养下的花头鹦鹉则每年4月会开始繁殖，如果照顾得当，一年甚至可以繁殖两次。

花头鹦鹉雄鸟头部的颜色较彩头鹦哥色浅且略暗，看起来有点像彩头鹦哥的幼鸟，花头鹦鹉体型较彩头鹦哥小，且数量少得多，这两种鹦鹉都不常见，花头鹦鹉比大绯胸鹦鹉小，全长35cm左右。体羽主要为黄绿色，上体颜色较深，翅绿色。雌雄鸟头部颜色有别：雄鸟为玫瑰红，雌鸟呈灰蓝色。花头鹦鹉的雄鸟是十

分迷人的鹦鹉。

花头鹦鹉主要栖息在林地、农地、丘陵、潮湿落叶性森林、热带草原林地、松树林等海拔1500m以下的地区，北部的族群则大部分栖息于海拔500m以下的地区，通常一小群活动，但也会大群聚集，尤其是食物充足时，常常与灰头鹦鹉、马拉巴鹦鹉一起觅食，有时会对农作物造成损害。

花头鹦鹉在缅甸的繁殖季为3月到5月；人工饲养下的花头鹦鹉则每年4月开始繁殖，如果照顾得当，一年甚至可以繁殖两次，可以提供30cm×30cm×60cm的厚木巢箱。它们一次会产下4~5枚卵，孵化期23天，幼鸟羽毛长成约需7周，幼鸟在离巢后14天就可以独立。由于环颈鹦鹉类通常都是雌鸟较为强势，和一般鹦鹉雄鸟居于支配领导的地位恰恰相反，因此时常发生凶悍的雌鸟咬伤甚至咬死雄鸟的情形，饲主在配对的时候应该循序渐进，切勿贸然将两只不熟悉的鸟关入同笼，以免发生

惨事。有时已经配对好的种鸟，雌鸟也会忽然凶性大发，曾有雌鸟在育雏中无端将雄鸟咬死的情况发生，因此接近繁殖期饲主最好多加留意雄雌鸟互动情况，只要有互相攻击的情况就应该立刻隔离。

23

非洲灰鹦鹉 >

以擅仿人语闻名的非洲灰鹦，一直是宠物鸟市场上最受欢迎的种类之一。即使是最漂亮的灰鹦亚种，也不能和其他鹦鹉相提并论，它们用高智商弥补了外貌上的平庸，这也使得它们成为知名度最高的宠物鸟。它们的高智商与优越的模仿能力通常是最为人所称道的天赋，也是世界各地中大型鹦鹉中最常见的种类。从小饲养的灰鹦不但受人喜爱，且十分乖巧、亲近人且安静，的确是中大型鹦鹉中最佳的选择之一。一般相信，灰鹦比其他鹦鹉更需要钙质，未受主人重视、

关爱，或是压力大、沮丧、无聊、笼舍过小的灰鹦容易出现拔羽的症状。

非洲灰鹦主要有2个亚种——刚果灰鹦与提姆那灰鹦，但如要再细分，还有加纳灰鹦与喀麦隆灰鹦，外表几近相同。加纳灰鹦只栖息在几内亚湾的普林斯波岛与比欧克岛上，提姆那灰鹦的体型明显地小了一号，上喙部带蜡黄色，尾部为深红褐色，体羽较深，此亚种并不常见；主栖息在低海拔地区，雨林、森林边缘地带、红树林地、热带稀树草原、农作物区都是它们主要的活动地区。群居性，喜

爱在近河流与湖泊边的树上或棕榈树上栖息。

　　非洲灰鹦鹉身长33~41cm，体重480~560g，平均寿命约50年。属于大型鹦鹉，尾巴短，头部圆，面部长毛，喜攀爬，不善飞翔。身体为深浅不一的灰色，脸部眼睛周围有一片狭长的白色裸皮；头部和颈部的灰色羽毛带有浅灰色滚边，腹部的灰色羽毛则带有深色滚边；主要飞羽灰黑色；尾羽鲜红色；鸟喙黑色，虹膜黄色。幼鸟尾羽尖端带有黑色，虹膜为浅灰色，随着年纪渐长会变为黄色。

　　非洲灰鹦鹉通常栖息在低海拔地区及雨林。觅食的时候通常一小群一起行动，喜食各类种子、坚果、水果、花蜜、浆果等，有时也会至农作物田园中觅食，造成农业损失，尤其是玉米田。

绯胸鹦鹉 ＞

绯胸鹦鹉栖息于海拔不高的山麓林带，群居，日行性，夜间与八哥、鸦类混群栖于树上，留鸟。树栖，善攀缘，嘴脚并用，沿直线飞行，喜鸣叫，声音响亮，经训练能仿人言。以坚果、浆果、嫩枝芽、谷物、种子等为食。

野生的绯胸鹦鹉在国外分布于印度、孟加拉国、缅甸、泰国、中南半岛至印度尼西亚等国家和地区，共分化为8个亚种，在我国终年留居于西藏东南部的朗县、米林，云南的西南部至东南部，广西的西部和南部，以及香港和海南岛等地。

绯胸鹦鹉体型中等，体态优美，羽色艳丽，由于上体羽毛以绿色为主，又被称为绿鹦哥。它的体长为22~36cm，体重为

85~168g。雄鸟的头部为葡萄灰色,眼睛周围为绿色,前额有一条窄窄的黑带延伸至两眼;羽色大体为上绿下红,颏为白色,喉和胸葡萄红色或砖红色。眼睛内的虹膜为黄色,嘴壳粗短,很像老鹰的嘴,上嘴弯曲,呈珊瑚红色,下嘴褐色,嘴的先端为象牙色,脚呈暗黄绿色或石板黄色。尾羽狭窄而尖长,尤其是2枚蓝色的中央尾羽特长,呈楔形。雌鸟的头部为蓝灰色,喉、胸橙红色,缺少紫色沾染,中央尾羽一般比雄鸟为短,眼睛内的虹膜为黄白色,上、下喙都是黑褐色。

绯胸鹦鹉主要栖息于低山地区和山麓常绿阔叶林中,也到山脚、平原、河谷、农田和居民点附近觅食,常十余只至数十只成群活动,有时也与鸦类和八哥混群生活。它们善于飞行和攀缘,飞行很快而常呈直线,攀缘时能够嘴、脚并用,上下均甚为灵巧。鸣声响亮,似"格啊——格啊"的声音,如果几只鸟同时鸣叫,则甚为嘈杂震耳。

绯胸鹦鹉在我国民间还被亲昵地称之为"多嘴多舌的黄背绿"。虽然它的鸣声单调,但很善于学舌,模仿人语,还能学会一些技艺,所以成为古代宫廷中驯养的一种有名的学语鸟,也是驰名中外的观赏鸟类。

大绯胸鹦鹉 〉

大绯胸鹦鹉，中国民间又称鹦哥、莺哥。红嘴、绿背，喉、胸橙红色。分布于中国西南部、印度、孟加拉国、缅甸、泰国、中南半岛、印度尼西亚等地。擅长学习人语。主要食物为植物种子、水果、浆果、栗子、花朵、花蜜。繁殖期从2月到3月，每次产卵3~4颗，孵化期21~24天，羽化时间7~8周。

大绯胸鹦鹉是中国所有鹦鹉科鸟类中体型最大的一种，体长约46cm。头部亮紫蓝而稍沾绿色，前额基部有一道黑色狭纹，向两侧伸达眼先，背羽及翅表呈亮翠绿色；两翅覆羽演染黄绿色；喉部两侧具宽阔的黑斑；胸和腹部呈灰紫红色，雄鸟浓艳，雌鸟浅淡；中央尾羽特别修长，羽片中央渲染亮蓝色。虹膜淡灰黄色。雄鸟嘴红色，下嘴黑色；雌鸟上嘴黑色。脚灰绿色。

这种鹦鹉主要栖息于低地的各种形态开阔的林区、山麓丘陵海拔约2000米的地区；也会前往红树林区、椰子树林区、农耕区、公园、花园和郊区等地。它们的平均寿命为25年。它们平时会组成10~50只左右的群体漫游活动，大部分被人看见都是低飞于树林间或是前往乡村

地区，到了目的地就会栖息于高大的树枝上，飞翔的时候相当嘈杂，只有觅食的时候会很安静；它们有着迁移的习性，迁移的地点完全视食物充足与否决定，以往大绯胸鹦鹉数量很多的时候，曾经有过上万只的大绯胸鹦鹉在农作物丰收的

季节前往农耕区觅食稻米的记录；偶尔会和同属中的灰蓝头鹦鹉一起集结前往稻田觅食，它们飞行的速度比同属中所有的鹦鹉都慢，叫声相当刺耳，类似小喇叭般，很远就可以听见。一般来说，成年的大绯胸鹦鹉雄性为红色的嘴巴，雌性为黑色的嘴巴，而小时候很难分辨出来，因为都是黑的。

中国国产的主要学舌鹦鹉就是大绯胸鹦鹉，大绯胸鹦鹉的体型比起绯胸鹦鹉要大，翼下覆羽是葡萄色，大绯胸鹦鹉产于四川西南部，四川的丹巴鹦鹉就是大绯胸鹦鹉，丹巴鹦鹉驰名中外。

大绯胸鹦鹉多是上架饲养，性格温顺，市场上的成年鸟多为雌鸟，上嘴黑色，而雄鸟的上嘴则是红色的，国内的观点饲养学舌鹦鹉还是以雄鸟为好，但是学舌其实与性别无关，每只鸟的领悟力不同，雄鸟性格温顺，更容易与人亲近，反而容易驯化。大绯胸鹦鹉不但可以用来学舌，很多马戏团还用它们来表演，尽管与其他几种鹦鹉比起来它们的羽色要素淡得多，可耍起杂技来是相当地吸引人，小巧的身材更显灵活。

蓝冠吸蜜鹦鹉 ＞

蓝冠吸蜜鹦鹉羽色鲜艳，主要以花粉、花蜜与果实为食物，鸟喙比一般鹦鹉的长。更特别的是细长的舌头上有刷状的毛，称为刷状舌，方便该鹦鹉深入花朵中取得食物。身体内部的构造也很特别，它们的体内有一种特别的消化酵素存在，以便分解食物。但由于该吸蜜鹦鹉没有消化谷物饲料的必要，它们的沙囊处理硬食物的能力较其他鹦鹉弱了许多。

蓝冠吸蜜鹦鹉身体长19cm左右，体重47~52g。是一种小型绿鹦鹉，脸颊绿色，顶冠蓝色，喉颈处和腹部有大块红色标号，鸟喙深黄色，眼睛黄色，蓝色或者紫色大腿。

它们分布于太平洋诸岛屿，包括中国的台湾省、东沙群岛、西沙群岛、中沙群岛、南沙群岛以及菲律宾、文莱、马来西亚、新加坡、印度尼西亚的苏门答腊、爪哇岛以及巴布亚新几内亚。主要是南太平洋的斐济诸岛上。

蓝冠吸蜜鹦鹉在原生地算是普遍的鸟类，但因为鼠类的掠食而数量下滑；主要栖息在林地、棕榈椰林、海岸区、山区、农耕区等有花树的地区，有迁徙的习性，经常会飞行往返各小岛间，有群居性，通常3~6只或一小群约12只聚集活动，但繁殖期时多成对在一起，动作迅速敏捷且活跃，声音尖锐，主要以花蜜、花粉及芒果等软性水果为食。

鸮鹦鹉 >

鸮鹦鹉，新西兰人叫"kakapo"，这是当地的毛利语，kaka即"鹦鹉"，po的意思是"夜"。中文翻译成鸮鹦鹉颇为神似，因为鸮鹦鹉的脸盘的确酷似夜间活动的猫头鹰。世界上共有300余种鹦鹉，鸮鹦鹉可算是鹦鹉家族的另类。

鸮鹦鹉是一种肥大而浑圆的鹦鹉；雄性成熟期时体长可达60厘米，重2~4千克，不能飞，有一对相对短的翅膀，并缺少了鸟类控制飞行肌肉的龙骨。其翅膀不足以使它飞行，而只作为一般平衡，或在树上跳下时提供一定程度的支撑作用。正因为此，鸮鹦鹉不像其他鸟类要保持轻盈的身体，它们多会于体内储存大量脂肪，使它们的体重冠绝同类。鸮鹦鹉表面的羽毛有多种色彩，除了微黄及如苔藓般的绿色作为主色外，羽毛上也有黑至深棕色的条纹，这种保护色使它们能在天然植被下得以隐藏自己。事实上不同个体的色彩、色调及斑驳的花纹可有极大的差异性——某些博物馆收藏的标本就是全身披上黄色的。胸部及两肋均是

黄绿色配上黄色条纹，在腹部、尾下、颈部及面部上黄色依然突出，并有绿色条纹及小量斑驳的棕灰色。由于它们无须应付飞行时所要求的强度及刚度，因此羽毛是令人出奇的柔软。

与其他鹦鹉一样，鸮鹦鹉也能够发出多样的叫声。除了求偶时发出响亮而刺耳的叫声及噪叫声外，它们也会发出嘶卡的声音来向其他同类标示自己的位置。

鸮鹦鹉有完善的嗅觉系统，能与它们夜行性的生活习惯相辅相成。例如它们在觅食时就能够通过气味来区分出食物；这一习性目前仅在另外一种鹦鹉中找到。另外鸮鹦鹉给人极深印象的特质就是它身上会发出一种令人愉悦的香气，不少人常用麝香、果香或蜜糖的味道来形容这种香气。鸮鹦鹉完善的嗅觉系统及强烈的独特气味也被视为社群间独有的生化传递讯息，但这些气味也成了掠食者搜索这种防御力薄弱的鹦鹉的重要手段。

鸮鹦鹉主要是草食性，原生的植物、种子、果实及花粉等，甚至是一些树木的边材都能成为它们的食物。在1984年的

一次关于鸮鹦鹉的食物及食性研究中确认了共25种的食物，并证明了它们是一种广泛的草食性生物，对于不同的乔木、灌木甚至蕨类植物均感兴趣。鸮鹦鹉的喙能有效地碾磨食物，因此它们只有一个相对小的沙囊，此外，一般相信鸮鹦鹉的前肠内有细菌协助发酵及消化植物。另外它们有一套独特的习性，就是会用喙将叶片或蕨叶最具营养的部分挑选出来，难以消化的纤维部分则会留下。这些独特的、被啄剩的植物残枝正好用来证明鸮鹦鹉曾在附近出现。

差不多所有的鹦鹉都是白天活动，只有鸮鹦鹉在夜间活动；迅敏的飞行是所有鹦鹉的特性，鸮鹦鹉却不会飞；鹦鹉一般都成群活动，鸮鹦鹉却喜欢独居；鹦鹉一般都很聒噪且引人注目，鸮鹦鹉却异常隐秘无声，有时必须动用经过特殊训练的引导犬才能寻到它们；鹦鹉通常会形成亲密而长久的伴侣关系，而雄性鸮鹦鹉却要聚集在"表演场"通过竞争取得交配权，交配完成，雌雄关系即告结束。

在全球所有的鹦鹉当中，只有鸮鹦鹉会利用求偶场交配制度来作为求偶交配的方法。在求偶季节时，雄性鸮鹦鹉会聚首在一个仿如竞技场的地方舒展双翼，通过表演独有的舞蹈及演唱来吸引异性。雌性鸮鹦鹉只会以表演来决定对象，其他外在因素也不能左右它们的选择。在选择对象后即进行交配，但不会结成伴侣——它们相遇只为了传宗接代。

鸮鹦鹉颇长命，因此它们会先享受一段青年期后才进行繁殖。雄性鸮鹦鹉在5岁以前不会开始它们的求偶鸣叫；雌性更要到9至11岁才开始寻访异性。这段在繁殖期前的延误减少了求偶期间所遇到的危机，从而延长了它们的生命。鸮鹦鹉是其中一种繁殖率最低的鸟类，它们并不会每年都进行繁殖，而只在有大量食物供应的年度——例如该年的树木结出特别多的果子——才会进行。新西兰陆均松的种子数目是诱发它们进行繁殖的重要因素，但这种高大乔木每3~5年才会大量结果。因此在陆均松占优势的森林，如科德菲什岛上，鸮鹦鹉的繁殖并不频繁。

毛利人与鸮鹦鹉

在人类踏足新西兰以前，新西兰除了3种蝙蝠之外，没有其他陆生哺乳动物。鸮鹦鹉依靠夜行和绝佳的保护色，安然无忧地生活在这片乐土上。那时的鸮鹦鹉行踪遍布南北双岛，数量不可胜数。1000年前，毛利人来到了新西兰，来自波利尼西亚的毛利族移民者会捕猎鸮鹦鹉作为食物、或作为制作衣服及华贵服饰等材料，弄干了的头胪也会挂于耳上而成为装饰品。此外，它们缺乏飞行能力，身上强烈的气味及受惊时静止不动等特性更使它们无力对抗猎人们及其灵敏的犬只。它们的鸟蛋也备受破坏，由毛利人带来新西兰的缅鼠就常以此为食。毛利人对天然植被的开发也减少了鸮鹦鹉可供活动的生境范围。到了19世纪早期，鸮鹦鹉在毛利人聚居的、气候温暖的北岛已经罕见踪影，在南岛也退守到西部的多山地带，难以发现。

金刚鹦鹉 〉

金刚鹦鹉产于美洲热带地区，是色彩最漂亮，体型最大的鹦鹉之一。共有6属17个品种。原生地是森林，特别是墨西哥及中南美洲的雨林。食谱由许多果实和花朵组成，食量大，有力的喙可将坚果啄开，用钝舌吸出果肉。在河岸的树上和崖洞里筑巢。寿命最长可达80年。

金刚鹦鹉尾极长，为该科仅有，镰刀状的大喙只有凤头鹦鹉堪与比拟。面部无羽毛，兴奋时可变为红色。两性外貌相似。学话能力较强，可饲为玩赏动物，但需笼室宽大以便飞翔。

金刚鹦鹉比较容易接受人的训练，和其他种类的鹦鹉能够友好相处，但也会咬其他动物和陌生人。会模仿人温柔的声音，但多数情况下会像野生鹦鹉那样尖叫。

金刚鹦鹉也被称作大力士，主要是因为它们强有力的啄劲。在亚马孙森林中有许多棕树结着硕大的果实，这些果实的种皮通常极其坚硬，人用锤子也很难轻易砸开，而金刚鹦鹉却能轻巧地用喙将果实的外皮弄开，吃到里面的种子。除了美丽、庞大的外表，以及拥由巨大的力量外，金刚鹦鹉还有一个功夫，即百毒不侵，这源于它所吃的泥土。金刚鹦鹉的食谱由许多果实和花朵组成，其中包括很多有毒的种类，但金刚鹦鹉不会中毒。有人推测，这可能是因为它们所吃的泥土中含有特别的矿物质，从而使它们百毒无忌。金刚鹦鹉很胆小，见了人就飞。但从16世纪时，西班牙和葡萄牙殖民者将金刚鹦鹉带回欧洲后，它们便变成了人类的好朋友。

派翁尼斯鹦鹉属 >

派翁尼斯鹦鹉属是鹦形目、鹦鹉科的鸟类。"派翁尼斯"这个名字是个集合名词，派翁尼斯的蓝头鹦鹉，称呼是——Blue-Headed Parrot。"PIONUS"这个属名的字源，来自希腊字PIONOS，其意思丰满（plump）、毛发光滑（sleek），意指原栖地亚马孙河流域的富裕、加上派翁尼斯容易发胖的意思。派翁尼斯是PIONUS属的中小型鹦鹉，以品种的不同，体长由24cm到31cm不等，体重介于200~270g之间。主要分布于南美洲和亚马孙河流域。

派翁尼斯属鸟中，以蓝头成群活动的数目最多，青铜翅鹦鹉以小群体活动，但不同种之间的互动及自然栖地并没有太大的重叠，也就是说，如果空间够大，它们较易接纳和自己同种的伙伴。和鹦鹉常见的聒噪相比，个性文静的派翁尼斯鹦鹉相当特别。适合公寓的环境饲养，邻居可能都不会发现你养了一只派翁尼斯。若是主人没有那么多时间陪伴，派翁尼斯也不像灰鹦鹉或巴丹鹦鹉，好发啄羽

青铜翅鹦鹉

白帽鹦鹉

的毛病,可以说很适应现代人忙碌的生活。饲养上,应该避免供应过多高热量的葵花子,以均衡的饲料、新鲜蔬果和滋养丸为主。多注意环境的卫生,以避免呼吸道疾病。

这属的鸟算是很爱吃的,即使在紧迫环境下,也很少会亏待自己的肚皮。但是容易因摄取热量过多而发胖,或者因缺乏维生素A而生病。对于新换环境的鸟儿来说,饲主最好能在饮水或食物中添加复合维生素或整肠剂,总而言之,饲主的作息习惯愈固定,鸟儿愈能及早适应新生活。

派翁尼斯鹦鹉是一属原生长在中美洲和南美洲的中型鹦鹉,又可区分为8种不同的品种。包含宠物市场上较常见的蓝头鹦鹉、青铜翅鹦鹉、麦氏米轮鹦鹉、白帽鹦鹉、达士奇鹦鹉5种鹦鹉,以及其他3种较稀有的红喙鹦鹉、白帽鹦鹉及紫红冠鹦鹉。

39

斑翅鹦鹉属 〉

这属的鹦哥以易驯服、乖巧、亲近主人闻名，是许多欧美国家很受欢迎的鹦鹉种类，外表相当可爱，体长在20cm左右，个性大胆不怕人、聪明，它们很喜爱躲在可遮蔽的地方以及口袋内，所以又有口袋鹦哥的昵称，也是许多人认为的完美宠物，能学会许多句话，其寿命可达二三十年。是既可爱又安静的小型鹦鹉，它们温驯不吵闹的性格与一些非洲的爱情鸟（牡丹、小鹦）、虎皮鹦鹉比起来更适合当宠物，它们不像爱情鸟等小型鹦鹉般的爱鸣叫与神经质，相反却十分温和友善及安静；饲养上如同小型鹦鹉一样容易。

从厄瓜多尔西南方太平洋沿岸到秘鲁的西北地区，中美洲的墨西哥南部、巴拿马西部到南美洲的哥伦比亚、委内瑞拉皆有它们的踪迹。

斑翅鹦鹉栖息在各种林地内，干燥的森林、热带林区、灌木丛、农垦区，栖息地多为低海拔地区，偶尔在海拔1000多米的地区也能瞥见其踪迹；一般多成对或十几只一起活动与觅食，偶尔会上百只群集，也会与其他鹦哥如锥尾鹦鹉、派翁尼斯鹦鹉属一起群聚活动，喜爱在树冠层间活跃地玩耍，动作敏捷，鸟群声音通常很明显而易发觉，常取食于花、种子、嫩芽、果实类、昆虫等。新引进的鸟儿在适应环境后即相当强健，能适应高温与寒冷的天气。

它们喜爱水果类食物，食小谷类种子、黍穗、向日葵或小松果、绿色食物和水果等，尤其是时令浆果，它们特别爱吃向日葵种子。食物包括花、种子、嫩芽、果实类、昆虫等。

凯克鹦鹉 〉

凯克鹦鹉是一种活泼，好奇又有趣的鹦鹉。它们喜欢在枝头上悬荡，在地面的活动速度也很迅速。急的时候，还会像小猴子一样跳，模样极为滑稽有趣。不过相较于其他鹦鹉，凯克鹦鹉的飞行能力称不上好。

凯克鹦鹉的外形，和其他生活在中南美洲的远亲，如亚马孙鹦鹉、派翁尼斯鹦鹉类似（凯克拉丁属名Pionites的意思，就是和"Pionus"相近之意，也就是说，当初鸟类学家发现这种鹦鹉时，认为它们和派翁尼斯鹦鹉的血源很近），不过就行为举止而言，凯克鹦鹉其实和吸蜜鹦鹉、鹰头鹦鹉或者锥尾鹦鹉中的小太阳更接近。它们是一种活泼、好奇又有趣的鹦鹉。

它们生活在南美洲的北部，北从亚马孙盆地的秘鲁、哥伦比亚到圭亚那，包含的国家还有巴西、委内瑞拉、法属圭亚那、圭亚那、苏里南、厄瓜多尔。

凯克鹦鹉的破坏力很强，饲养笼舍及巢箱必须经得起啃咬。另外还需提供足够的玩具或枝干以供啃咬。由于这种鹦鹉十分好动，所以饲养的笼舍也不宜太小。笼子的长度要大于高度。除了玩具外，凯克鹦鹉晚上睡觉时，还喜欢蜷在暖暖的小窝里睡，有些凯克鹦鹉还会将玩具堵住窝的入口。

不过这种鸟儿进食时，习惯将食物甩得到处都是，因此笼子的摆放位置，最好方便清洁整理。如果能看得到外面的窗户，更能满足鸟儿的好奇心。直接受到日晒，或吹到风，温度变化较大的地方不宜，厨房也不适合。

正因为凯克鹦鹉喜欢爬上爬下，在地面探险，打滚跳跃，所以它们似乎不太需要很大的飞行空间。自然状况下，凯克鹦鹉经常躲在枝叶茂密的树梢上活动，所以较隐密的环境能让它们更有安全感。笼舍三面遮蔽，只留一面网片可观察外界环境。

这种鹦鹉非常喜欢洗澡玩水，因此除了提供清洁的饮水外，最好再提供一个浅盘，好让它们在里面玩水。天气较热或干燥时，宜增加淋浴或喷水的次数。

早期从野外捕捉到的野生凯克鹦鹉，在人工饲养环境下死亡率极高。它们宁愿饿死也不接受人类提供的食物。凯克鹦鹉大多是好吃鬼，而且对于食物十分小气。它们会像狗一样看守自己的食

物。即使是亲密的伴侣，也不让它从自己的嘴边（碗里）抢走东西吃。它们非常喜欢吃水果，根据作者的观察，软性的水果，占了凯克鹦鹉饮食中35%以上的比例。任何甜味的水果、如苹果、梨子、葡萄、柳橙、芭乐、木瓜、奇异果、香蕉等水果都是它们爱吃的东西。不过带核的水果，如李子、杏等则较不受青睐。无论选择哪一种水果，应将水果外表清洗干净，带种子的水果，最好先行去子，并切成适合抓握的小丁，与其他干性饲料分置于不同碗中喂食。

环颈鹦鹉族 >

　　这族鹦鹉主要栖息于海拔800m左右干燥以及潮湿的森林地带，在某些地区甚至可以高达海拔1600m；红树林区、农地、充满林木的开阔乡村地带也都是它们喜爱的活动范围；主要栖息于低地的各种型态开阔林区、山麓丘陵约2000m的地区。

　　它们也会前往市郊区、郊区公园、花园等地，偶尔会前往果园和椰子园觅食。在繁殖季它们通常会成对或是组成小群体，在夜晚会聚集一大群于栖息的树木上，偶尔会达百只以上；在破晓时分，会以小群体分头出发前往觅食，并且伴随巨大刺耳的尖叫声。它们个性相当谨慎小心，十分怕人，在飞行途中彼此会形成密集的队形，飞行的速度相当快；在某些地区它们会有季节性迁移的习性，迁移地点完全视食物的充足与否决定。

　　环颈鹦鹉主要以种子、坚果、浆果、植物嫩芽、花朵以及花蜜等为食；偶尔会前往农耕区的果园和谷类作物田中觅食，造成稻米相当程度的损坏。

45

无花果鹦鹉 >

鸟类中的无花果鹦鹉，顾名思义就是以无花果为主食的鹦鹉。其中双眼无花果鹦鹉的一个亚种，被列为华盛顿公约附录一，属一级保护类鹦鹉。栖息于中低海拔的雨林、森林边缘地区、干燥森林、溪河旁的森林、开阔的尤加利树林地等地，在澳洲也会出现在公园、灌木丛、农作物区及红树林林地等地区，食物中，无花果占了最重要的部分，觅食时安静，动作敏捷快速，不会到地上活动或觅食，繁殖期外通常成对或一小群一起活动。

这种鹦鹉基本上是以绿色为主，从额头到眼、喙之间是红色到橘红色，愈往外则逐渐转变成橘黄色，颈上为泛青绿色的，脸颊处包括覆耳的地方为黄绿色，眼下缘有一块蓝蓝的，前胸处则是带有蓝色的线圈，往下再带点类似红葡萄酒般的颜色，翅膀与前胸等高处的肩缘地带也带有蓝色，翅膀下覆羽为青绿色至黄绿色，眼四周裸皮处为黑色，虹膜为棕黑色，嘴黑色，脚也黑色。

其繁殖较小型的无花果鹦鹉容易，但有一个相同的问题，就是幼鸟死亡率高，很可能孵出后不久即死亡，或是亲鸟

不喂食雏鸟，成对繁殖比较理想，对于巢箱的检查敏感，避免时常翻开巢箱，一窝产2颗蛋，幼鸟19天后孵化，羽毛长成

约需2个月。繁殖期大约从每年的7月份开始，常可看到高大多瘤的树木上有繁殖群，群鸟经常进进出出巢洞且大声鸣叫，巢的高度约在离地25米处，巢洞也有可能是在直径小于30cm的中空枝干上。

华贵折衷鹦鹉 ❯

　　华贵折衷鹦鹉身长35cm，体重380~475g。起源于印度尼西亚海岛的南摩鹿加群岛。与其他中大型鹦鹉相较之下，华贵折衷鹦鹉的繁殖难度算是较低的，在孵雏的雌鸟对雄鸟常有攻击性，整年都能繁殖。

　　华贵折衷鹦鹉是非常美丽吸引人的鹦鹉，它们是所有鹦鹉中两性外表差异最明显的种类，雄母色差极大，雌鸟鲜红色的羽色与雄鸟亮眼的绿色形成强烈对比。华贵折衷鹦鹉雌雄的身体颜色非常不同。它的下颚骨的颜色在颜色排列从明亮的甜玉米颜色到一个更苍白的颜色。它通常没有浅橙色的上部下颚骨。华贵折衷鹦鹉雄鸟在它的尾巴的末端呈现浅黄色,雌鸟呈深红色。在所有折衷鹦鹉的亚种中华贵折衷鹦鹉的雌鸟最难辨认。胸和腹部都是蓝紫色羽毛。与其他亚种的明亮的淡紫色有差别。最大的差别是安置在红色头部和蓝紫色胸口羽毛之间的分界线及在各自混和入红色顶头羽毛和紫色胸口羽毛之间的下巴线。华贵折衷鹦鹉雌鸟有一英寸紫色羽毛混和入红色羽毛,有一些紫色羽毛扩散在胸口。华贵折衷鹦鹉的尾巴在各亚种中较长。尾巴趋向从淡橙色到橙色色调。在臀部的橙黄色明亮。虹膜淡黄色。

华贵折衷鹦鹉栖息在各种不同的地形,森林、草原、红树林、椰子园以及农作物区等海拔1900m以下的地区,最常在农作物区、滨海地带与低海拔森林出没,繁殖期外常单独、成对或一小群聚集,在繁殖期时,常常只有雄鸟聚集在一起,聚集时很吵闹,警戒心强,一般都在树上觅食。主要食物是水果、嫩芽、花与花蜜、坚果、种子等,特别喜爱香蕉、芒果、无花果及木瓜。

亚马孙鹦鹉 ＞

　　亚马孙鹦鹉外表帅气。该属鹦鹉的羽毛大部分为绿色，眼睛虹膜橘色。黄色分布在头冠、眼喙之间和大腿处，眼睛周围偶尔也可见。头顶的黄色也叫作"帽"。在翅膀的转折处有少许红色点缀，羽毛边缘呈黄绿色。它们的翅膀很引人入胜，主飞羽是紫光蓝色，次飞羽是紫光蓝色并分布在羽瓣和翼端。体长34厘米到45厘米不等。身体为绿色，颜色有带蓝的深绿色至偏黄的绿色都有，头部羽毛颜色各异，可鉴别其品种。大多数作为宠物饲养的品种有绿色的羽毛和深色的喙部。亚马孙鹦鹉分布在中美洲、南美洲和墨西哥的一些地区。

　　亚马孙鹦鹉是生活在亚马孙河流域的中型鹦鹉，主要

栖息于低地的林区、海拔600~2200米的山区，也喜欢活动在松树林区或橡树。它们通常成对活动，有时候会聚集高达300只左右，以数百只的数量聚集在栖息的树木休息，整群聚集飞行的时候相当嘈杂。也有迁移的习性。迁移的地点则视食物充足与否决定。

亚马孙鹦鹉食物有水果、壳类种子、向日葵、绿色食物等。它们需要一种富含天然胡萝卜素的饮食。建议为它们提供天

然和新鲜的食物。根蔬菜例如胡萝卜、甜菜和番薯是对日常饮食的重要附加。

亚马孙鹦鹉之所以备受爱鸟人士喜欢，是有原因的。美丽、聪明、善解人意、长寿、品种多样化、出人意料的性格，都是受人宠幸的原因。亚马孙鹦鹉最喜欢模仿小孩子和女人声音，因为它们的音阶较高，往往由女士或孩子喂养，学人语则更快、更清楚。

在亚马孙鹦鹉中，说话能力强者为

大黄帽、黄领帽及蓝帽这3种。红帽说话能力不佳，但智商并不差，模仿口哨声能力强；橙翅、小黄帽说话能力普通；美丽亚马孙体格很大，但不会说话，叫声颇大，国内饲养者不多。对于亚马孙说话能力的认定并不在于智商，而是音域的属性是否接近人类，红帽比蓝帽学习能力强，但发出的声音不像人语，吹口哨功夫一流。蓝帽声音细致，说话声像小孩，常常自己碎碎念，学人语，不爱大叫。所以鸟友在选定亚马孙鹦鹉为宠物鸟时，如果喜欢会说话的请选大黄帽、黄领帽及蓝帽，喜欢吹口哨的是红帽，体型大如巴丹

葵花凤头鹦鹉 〉

葵花凤头鹦鹉是鹦形目凤头鹦鹉科的鸟类，共有4个亚种。体长40~50cm，体羽主要为白色，雪白漂亮，头顶有黄色冠羽，愤怒时会竖起头冠呈扇状竖立起来，就像一朵盛开的葵花。亚种中菲茨罗伊河亚种是蓝眼圈，其他3种均是白眼圈。食物包括种子、壳类、浆果、坚果、水果、嫩芽、花朵、昆虫等。语言能力一般。喙的力量强大，需要养在金属笼子中。同许多凤头鹦鹉一样，作为宠物饲养需要主人大量时间陪伴。羽粉较多，需要定期沐浴。叫声嘈杂。野外分布于大洋洲的北部、东部与南部，塔斯马尼亚和印尼的一些岛屿。

葵花凤头鹦鹉的繁殖，分为野外繁

为美丽亚马孙，可惜学习能力较差，适合观赏。

小黄帽能力一般，白帽体型小，说话能力不佳，在帽科宠物鸟市场并不起眼。亚马孙鹦鹉是目前世界上寿命最长的鸟类之一。

殖和人工繁殖两种。野外繁殖期筑巢于高耸的树洞中，澳大利亚南方的繁殖期在8-1月，北方在5-9月，在新几内亚从低地到海拔1400米的森林都有分活动踪影。一窝约有2-3枚卵，通常2枚，孵化期25至27天，雏鸟留巢期限9到12周。

人工饲养，在繁殖期间会明显地变安静，提供的巢箱要加上坚固的金属边，可使用金属制巢箱，或将其外挂于笼外，否则强大的咬合力会严重地破坏木制巢箱，甚至短期内被完全破坏或底部毁损危急蛋与幼鸟的安全，葵花凤头鹦鹉常在繁殖期间有雄鸟对雌鸟变的很有侵略性的行为，常常会追着雌鸟跑，甚至攻击，所以巢箱可以使用有两个洞口规格，这样追打时雌鸟比较不会被逼至死角而受到严重伤害。

在澳大利亚，葵花凤头鹦鹉栖息于森林，林地和农田耕地，而在新几内亚，它们栖息的高度从低地到海拔1400米的森林。常活动于森林或是森林边缘地带的区域，有时候喜欢到乡间的农地去觅食农作物，偶尔在公园或是绿地中也可以看见。葵花凤头鹦鹉通常群居，常常数百只成群，在觅食时会各自分散为一小群，通常在地上觅食，有些会在树上警戒，注意有无危险，有危险的状况时会警告正在觅食的同伴，飞行时常发出沙哑响亮的巨大叫声，有时会到农作物区觅食，造成很严重的农业损失，被视为害鸟。

在某些地区的农民被允许可以猎杀破坏农作物的葵花凤头鹦鹉，也有人为了它们的美丽羽毛而猎杀它们；筑巢于高耸的树洞中。

啄羊鹦鹉 〉

啄羊鹦鹉是新西兰南岛上的一种大型鹦鹉。除了具有其他鹦鹉的食性外，主要食昆虫、螃蟹、腐肉。也经常攻击羊群，甚至跳到绵羊背上，它那强健的喙可以把羊的皮肉啄穿，吞食羊肾上的脂肪并啄食羊肉，弄得活羊鲜血淋漓，所以当地的新西兰牧民称其为啄羊鹦鹉。

啄羊鹦鹉是新西兰境内特有的鸟种，生活于险峻寒冷的高山地区，由于它们时常发出类似 "Keeaa" 的沙哑叫声，因

此得名。它们大多在地面上活动,用双脚跳跃式前进,动作滑稽逗趣,因此又被称为"高山上的小丑"。它们栖息的环境相当险恶,加上食物有限,使得啄羊鹦鹉发展出独特的生活习性。它们是社会性相当高的鸟种,平时居无定所,大多是四处游牧觅食;生性对任何新的事物都保持着高度的好奇心,必定会上前察看,这样的天性也有助于它们迅

速地发现任何可以果腹的食物。啄羊鹦鹉主要以树叶、水果、浆果、草根、植被、花蜜、昆虫、蠕虫、幼虫、动物死尸、营区的垃圾、人类给予的各式食物等为食。

它们是不折不扣的机会主义者。每年春天,啄羊鹦鹉都会在高山上挖掘雏菊类植物,以及搜寻雪堆四周和岩石夹缝中是否有新长出来的植物嫩芽或是小昆虫可以果腹。到了夏天,它们就在山上的矮树或是灌木丛间寻找水果或是浆果、种子和花朵等。到了秋天,它们大多会待在山毛榉林区中,觅食些嫩芽、树叶

55

和坚果；但是到了冬天这个最严苛的时节，它们会寻找死去动物的遗骸，挖出最具能量的内脏和脂肪部分食用，以便熬过大自然最严酷的考验。

啄羊鹦鹉有着强烈的好奇心，看到任何一样新东西都要设法弄个明白，因此它们也在当地的居民中留下了爱找麻烦的不好名声。虽然它的体形仅有乌鸦一样大小，却时常撕碎当地运木工人的睡袋，在大篷车顶上吵闹，或者用它长而锋利的弯嘴，弄开当地居民的家门和窗户，有时即使装有金属防护网，也很难防住它们的好奇心。在滑冰场附近，它们也被视为有害动物，因为它们嗜好从游客的小汽车上弄下一些软部件，令到这里消遣的游客好不烦恼。在一些国家公园里，它们经常作为吸引游客的宠物而受到种种优惠，但这又害苦了公园里的工作人员。他们要想方设法地保护电视的天线，

为了防止汽车的雨刷被它们叼走，还要把汽车停放在装有铁丝网的停车场内。啄羊鹦鹉的好奇心可能与其奇特的觅食行为有关。它是一种杂食性的鸟类，时常撬地衣，捉昆虫，挖根块，钻雪地，取食山毛榉的嫩芽、高山灌丛类的根和浆果、植物的花蜜等植物性食物，并且经常在石块和雪底下寻找一些昆虫的幼虫，一旦有机会还偷袭各种小动物，其动作就像一只凶猛的老鹰一样敏捷，此外还取食各种尸体，也常在人类的生活垃圾中寻觅食物。啄羊鹦鹉还经常袭击羊群，所以有"杀羊者"的称号。不过，据说啄羊鹦鹉最早只是啄食羊身上的寄生虫，由于一些偶然的机会，它将羊皮啄破，吃到了羊的肉，从而发现羊肉的味道更好吃，于是才逐渐改变了食性。

太平洋鹦鹉

紫蓝金刚鹦鹉

▷ 鹦鹉之最

学话最多的鹦鹉：非洲灰鹦鹉，一生可学会800多个单词。

寿命最长的鹦鹉：葵花凤头鹦鹉，寿命达90余年。

体型最大的鹦鹉：紫蓝金刚鹦鹉，体长 100~107cm，重达 1.4~1.7 千克，翼展度 1.3~1.5m。

体型最小的鹦鹉：太平洋鹦鹉，身长仅有10cm，又称为口袋鹦鹉。

57

● 情侣鹦鹉

情侣鹦鹉属，学名Agapornis，希腊语中"Agape"是爱的意思，而"Ornis"则是雀鸟的意思，故又称为"爱情鸟"。情侣鹦鹉是一种非常喜欢群居及深情亲切的鹦鹉。该属共有9个种，其中8种源自非洲大陆，1种（灰头情侣鹦鹉）源自非洲东岸的马达加斯加。

情侣鹦鹉属体形较壮，羽色非常美丽，以绿色、红色居多，英文名称为lovebird。这类鹦鹉是鹦鹉中体型最小的一种，甚至比虎皮鹦鹉的体型更小，却习惯归类于中型鹦鹉。情侣鹦鹉的寿命约10~15年，身长约13~17cm，重40~60g。身型矮胖且有一条短尾，喙部相对较大，大部分情侣鹦鹉都是绿色的，而人工配种及变种使很多种颜色出现。

埃塞俄比亚爱情鸟 ＞

埃塞俄比亚爱情鸟体长一般在17cm左右，体重50~60克。鸟喙红色，虹膜深棕色。生活在非洲热带丛林中，常集大群生活，一般在树洞中营巢繁殖，以各种植物种子、水果和浆果为食。在野外，该鸟常集群危害农作物及果园，遭到当地农民驱赶。由于这种鸟羽色艳丽，常被捕捉饲养，致使野生数量越来越少。

埃塞俄比亚爱情鸟主要栖息于森林高地，偏好桧属植物、合欢属植物和大戟属植物；介于1800~3200米的热带草原也是它们活动的地区。平时大多组成8~20只的群体，会在栖息的树木附近聚集许多族群；偏好比较高大的树木，通常都会在破晓时分飞到觅食地区搜寻食物，然后在夕阳西下前一小时抵达树洞，整晚待在同一处枯死的树洞内，数只鸟会一起彼此警戒守候。

埃塞俄比亚爱情鸟身长17公分。这种鹦鹉鸟体为绿色，额头、鸟喙和眼睛之间、眼睛周围红色；胸部、腹部、翅膀内侧覆羽为浅绿色；翅膀内侧覆羽和飞行羽为黑色；尾巴为绿色；鸟喙红色；虹膜深棕色。雌鸟头顶没有红色，翅膀内侧为绿色。幼鸟的颜色和母鸟很像，但是体色较暗淡，鸟喙为黑底黄棕色，要到3或4个月开始才会渐渐开始变成成鸟的颜色，完全长成成鸟般的体色需要8到18个月。

埃塞俄比亚爱情鸟属于来自埃塞俄比亚的高原鸟类，直到20世纪才为鸟类饲养者知晓，20世纪初才出现相关的贸易。

黑领情侣鹦鹉 〉

黑领情侣鹦鹉是一种非常喜欢群居及深情亲切的鹦鹉。体长一般在13cm左右，体重40~50g。鸟喙灰黑色，虹膜黄色。

黑领情侣鹦鹉主要栖息于常绿林地、森林低地、海拔高达1800米的山区森林。在繁殖季会组成至多20只的群体，大部分被人看见都是黑领情侣鹦鹉在飞行的时候，它们会伴随刺耳的鸣叫，因此非常显而易见；平时在树林间活动的时候，身体的羽色提供了良好的掩蔽，相当难

以被察觉；平时偏好在树顶遮篷区活动，少到地面上活动，个性十分小心谨慎，无法接近。

黑领情侣鹦鹉的食物相当特殊，主要以野生无花果，辅以几种特殊的种子为食；此外有时候会以毛虫、幼虫或是前往农耕区觅食谷粒或是黍类。

黑领情侣鹦鹉分布于非洲中南部地区（包括阿拉伯半岛的南部、撒哈拉沙漠（北回归线以南的整个非洲大陆），主要是纳米比亚和加纳南部。

桃脸情侣鹦鹉 ＞

桃脸情侣鹦鹉为鹦形目鹦鹉科的鸟类,体长一般在15cm左右,体重40~50克。喙蜡白色,眼睛黑色。在人工饲养的培育下,有了很多不同羽色的品种。以各种植物种子、水果和浆果为食。在野外,该鸟常集群危害农作物及果园,遭到当地农民驱赶。由于这种鸟羽色艳丽,常被捕捉饲养,致使野生数量越来越少。

这种鹦鹉鸟体为绿色,前额、眼睛后方的细窄条状羽毛为红色;头顶、鸟喙和眼睛之间、脸颊、喉咙和胸部上方为粉红色;身体两侧、腹部和尾巴内侧覆羽为黄绿色;尾部为亮蓝色,尾巴上方绿色,内侧蓝色;翅膀内侧覆羽为绿色,并带点浅蓝;鸟喙黄白色,虹膜深棕色。幼鸟的鸟喙会带有黑色,头部为灰粉红色,要4个月后才能长成和成鸟一般的体色。桃脸情侣鹦鹉是中国最普遍的小型鹦鹉之一，也是体型最大的爱情鸟（体重约50~60g），体长略短于黑翅情侣鹦鹉，但体重较重，有各式各样不同色系的变种，也是一般入门者最常选购的鸟种之一，叫声虽不大，但是声音尖锐，常显嘈杂，个性十分活泼、爱玩与好奇，与主人从小有良好互动，喜爱亲近人，有些也会很调皮、捉摸不定，行动很敏捷，一不小心常常会逃脱，可以修剪羽毛防范飞走的可能性。

桃脸情侣鹦鹉主要栖息于海拔1600米充满灌木丛和树木的干燥多岩地区，偶尔会前往棕榈树丛区、农耕区和沿着水源流过的栖息地，平常活动的地区不会离水源太远。平时它们会组成12只左右的群体，偶尔会聚集比较庞大的族群；平时在群体中总是喜欢彼此争吵不休，非常嘈杂；平时会漫无目的地觅食，遇到水源处就会停下来，等到水源干涸以后，鸟群就会继续移动寻找下一个水源，它们非常依赖水源，一天之中要前往水源处好几次；农作物成熟时它们会大批聚集觅食，被当地农民视为害鸟。

红脸情侣鹦鹉 ＞

　　红脸情侣鹦鹉体长一般在15cm左右，体重40~50g，喙红色，足灰色。雌鸟的脸呈橘黄色，比雄鸟浅得多。生活在非洲热带丛林中，常集大群生活，一般在树洞中营巢繁殖，以各种植物种子、水果和浆果为食。在野外，该鸟常集群危害农作物及果园，遭到当地农民驱赶。由于这种鸟羽色艳丽，常被捕捉饲养，致使野生数量越来越少。

　　红脸情侣鹦鹉主要栖息于长满茂盛植被的草原和草地、次生林区、海拔约1500米的开阔的森林区；也会定期前往农耕区觅食。在繁殖季它们大多组成15~20只的小群，偶尔在农作物成熟的时候会在农耕区聚集好几百只的庞大族群，到了晚上它们就会回到栖息的树木上过夜；平时红脸情侣鹦鹉会漫无目的地到处觅食，会在地面上搜寻草类植物的种子，生性相当胆小，警觉性很高，无法接近观察。

　　红脸情侣鹦鹉主要以种子、浆果、水果（番石榴和无花果）、植物

嫩芽、半熟的农作物和成熟的黍类为食物。

红脸情侣鹦鹉是鹦鹉中最大的种群。它们从中非洲的海岸，延伸到埃塞俄比亚的西部。红脸情侣鹦鹉被认为是最早进口到欧洲的爱情鸟种类。依据英格兰中部贝德福得郡公爵的记载，这种鸟最早在16世纪就被当作绘画的模特儿了。分布于非洲中南部地区（包括阿拉伯半岛的南部、撒哈拉沙漠（北回归线以南的整个非洲大陆）。栖息地：盖亚纳、塞拉利昂南部、安哥拉北部、中非、苏丹南部、乌干达西部、圣多美等地。

面罩情侣鹦鹉 ＞

面罩情侣鹦鹉头部为黑色，犹如戴上黑头罩，这也是它的英文名字（masked lovebird）的由来。是一种非常喜欢群居及深情亲切的鹦鹉。体长一般在14cm左右，体重40g。喙红色，眼黑色有白眼圈。生活在非洲热带丛林中，常集大群生活，一般在树洞中营巢繁殖，以各种植物种子、水果和浆果为食。在野外，该鸟常集群危害农作物及果园，遭到当地农民驱赶。由于这种鸟羽色艳丽，常被捕捉饲养，致使野生数量越来越少。

面罩情侣鹦鹉通常栖息于海拔1100~1800m间的热带丛林及草原、农作物区等地内，在有水源的地区活动，平常多十几只一小群活动，有时也会100只左右聚集。它们主要吃谷物种子，也吃果实和绿色蔬菜或草。面罩情侣鹦鹉在繁殖季节会因为争夺领地或配偶发生争斗。它们的喙十分强壮，在争斗时是危险的武器。由于生长在热带，人工饲养时面罩情侣鹦鹉对低温耐受差，容易受冻伤。

面罩情侣鹦鹉的食物中有很大一部分是谷物，对当地人的农作物和果园有一定的破坏，常遭到当地人的驱赶，同时

66

黑脸情侣鹦鹉 >

黑脸情侣鹦鹉生活在非洲热带丛林中，常集大群生活，一般在树洞中营巢繁殖，以各种植物种子、水果和浆果为食。在野外，该鸟常集群危害农作物及果园，遭到当地农民驱赶。由于这种鸟羽色艳丽，常被捕捉饲养，致使野生数量越来越少。

黑脸情侣鹦鹉身长13cm，这种鹦鹉鸟体为绿色，额头、前额为红棕色；眼睛和喙之间、脸颊、喉咙为黑棕色；头部后方和颈部为暗黄绿色；胸部上方为橘红色，到了胸部下方渐渐变为黄绿色；腹部和尾巴内侧覆羽黄绿色，尾部为浅绿色；眼睛外有一圈粗宽的白眼圈，喙红色，虹

人为的捕捉贩卖也影响着它们的数量。另一方面栖息地的干旱化和农业开发也在使它们的栖息地不断减少。但因为此物种分布广泛，数量基数大，繁殖力强，以上不利因素目前并没有严重危及到它们的数量。由于人工饲养技术成熟，在世界各地都把面罩情侣鹦鹉作为合法的贸易鸟类。

面罩情侣鹦鹉主要分布在坦桑尼亚中部及北部与肯尼亚南部，在坦桑尼亚东部海岸区与其邻近的几个小岛也有它们的踪迹。原产于非洲，由于繁殖容易，它们很早就成为人类的宠物，在世界各地的宠物商店都能见到它们的身影。

愤怒的鹦鹉

膜棕色。幼鸟体色较暗，喙带有黑色。

在野外黑脸情侣鹦鹉的数量很稀少，只剩1万只左右，再加上一般笼养的情侣鹦鹉大多为杂交，所以人为饲养的纯种黑脸情侣鹦鹉已经相当少，相较之下杂交种有许多颜色的变种，也是市场最普遍的小型鹦鹉之一，有些稀少的变种价格不低，手养鸟好动活泼，惹人喜爱，也会调皮不听话或是常常性情不稳定，成鸟不易驯服，行动迅速敏捷，要小心它们不慎逃脱，若希望所养的幼鸟与主人亲近，不怕生，最好只养一只，因为若养一对，它们之间的感情会非常亲密，而不会与主人亲近，即便是手养鸟也会有此情形，但并非每一只鸟都如此。

黑脸情侣鹦鹉主要栖息于生长合欢属植物的灌木丛林、丛棘平原和介于海拔600米到1000米开阔的草地；偏好在河谷区活动。在繁殖季会组成20~100只左右的群体，生性非常嘈杂；平时会大批聚集于农耕区，觅食黍类、玉米和谷类作物等；有季节性迁移的习性，平常是游牧性

质的鸟种，活动的地点完全视食物充足与否而定。栖息地通常离水源区很近，平常一小群到数十只一起活动，食物包括种子、谷物、花、嫩芽、浆果等。笼养的黑脸情侣鹦鹉叫声虽不大，但爱鸣叫，有时十分恼人，喜爱洗澡与啃咬东西，刚引进饲养时非常敏感，适应期长，适应后大多变得强壮。

FEN NU DE YING WU

68

尼亚萨湖情侣鹦鹉 〉

尼亚萨湖情侣鹦鹉生活在非洲热带丛林中，常集大群生活，一般在树洞中营巢繁殖，以各种植物种子、水果和浆果为食。在野外，该鸟常集群危害农作物及果园，遭到当地农民驱赶。由于这种鸟羽色艳丽，常被捕捉饲养，致使野生数量越来越少。

尼亚萨湖情侣鹦鹉主要栖息于充满树木的河谷地区、偏好金合欢属植物，会在海拔600米到1000米之间的林区活动，有时候会依照不同季节前往高地林区、平原地区和草地活动。尼亚萨湖情侣鹦鹉通常会组成20~100只的族群，当谷类作物成熟时它们会前往农耕区，聚集好

几百只的族群；平时白天它们大多在地面觅食，会在灌木丛林或是低矮的树上活动，对水源非常依赖，往往一天要前往水源处饮水数次；在飞行的时候会伴随刺耳的鸣叫，因此相当易见。

尼亚萨湖情侣鹦鹉主要以地面上的草类种子、浆果、水果、植物嫩芽等为食，也会定期前往农耕区觅食谷类作物，有时候会造成相当程度的损害，因此被视为农业害鸟。

尼亚萨湖情侣鹦鹉在野外的繁殖季为1月到7月，会寻找枯死的树洞筑巢，也会寻找当地一种名为水牛织布鸟废弃的巢穴使用；寻找枯死的树洞为筑巢地点，也会在峭壁上的裂缝中筑巢；人工饲养的尼亚萨湖情侣鹦鹉非常容易繁殖，繁殖期大多在春季开始，可以提供20cm×20cm×30cm的厚木巢箱；一次会产下3~6枚卵，孵化期为20天，幼鸟羽毛长成约需32天。如果缺乏矿物质，亲鸟会有拔去幼鸟身上羽毛的倾向，照顾得当一年可以繁殖数次，但是为了亲鸟的健康，一年最好不要超过两次。

费氏情侣鹦鹉 >

费氏情侣鹦鹉的鸟体为绿色,额头、喙和眼睛之间、脸颊、喉咙为橘红色;头顶和头部后方为橄榄绿色;胸部上方和颈部为橙黄色;身体两侧、腹部、尾巴内侧覆羽黄绿色,尾部上方为蓝色;翅膀内侧覆羽蓝绿色;眼睛外有一圈粗宽的白眼圈,喙红色,虹膜棕色。幼鸟体色较暗,喙带有黑色。

略小于同属的桃脸情侣鹦鹉,一般

体长13~15cm,重50~55g。是七彩缤纷的小鹦鹉,深橙色的额头和脸颊,配以黄色的前胸,青绿色的身体,紫蓝色的尾,一对镶着白边的眼睛,鲜红色的嘴,灰色的脚,非常漂亮可爱。经人工培养还有多种色系的品种,如黄、白、钻蓝、紫、灰、银、乳白及杂纹等。

主要栖息于灌木丛和金合欢属植物分布的高原地区、介于海拔1100米到

2000米之间各种棕榈树和其他数种分布的林区、刺丛平原区、开阔的草原地形和农耕区等。在繁殖季会组成20~80只左右的群体，生性非常吵，往往还没看见其踪迹就会先听见那尖锐刺耳的鸣叫；平时会大批聚集于农耕区，觅食黍类、玉米和谷类作物等，有时候会多达数百只；大多在地面觅食，个性十分活泼大胆，可以在很近的距离内接近它们；费氏情侣鹦鹉有季节性迁移的习性，平常是游牧性质的鸟种，活动的地点完全视食物充足与否而定。

　　主要以地面上的草类种子、浆果、水果、植物嫩芽等为食。也会定期前往农耕区觅食农作物，造成相当程度的损害。

灰头情侣鹦鹉 ＞

　　灰头情侣鹦鹉是一种小型鹦鹉，身长14cm，体重25~28g。体羽以绿色为主，上体草绿色。头部铅灰色，后颈和颈侧有一铜绿色领环，眼先及贯眼纹近蓝黑色，颊下有一黑带。鸟体为绿色，头部、胸部和颈部为浅灰色，腹部、身体两侧和尾巴内侧覆羽黄绿色，翅膀内侧覆羽为黑色，鸟喙灰白色，虹膜棕色。雌鸟的头部和翅膀覆羽均为绿色。幼鸟和成鸟的体色很类似，年幼的雄鸟颈部带有绿色，偶尔会像雌鸟那样全部皆为绿色，喙则

为灰黑色。

灰头情侣鹦鹉主要栖息于开阔的乡村地区、灌木丛地区、森林的边缘地带和开垦过的地区；也会前往刺丛平原、干燥草地以及农耕区活动；偶尔会前往郊外的花园或是公园活动。在繁殖季它们会组成5~20只左右的群体，偶尔会高达80只；在飞行的时候，会伴随刺耳的鸣叫，相当醒目；它们一天中的大部分时间都花在地面上觅食，非常谨慎小心且难以接近；平时大多和雀科鸟类集结活动，如果受到惊扰或是有掠食者逼近，会发出尖声的鸣叫然后赶快飞离；平时偏好栖息于树木最高的枝干上，有时候甚至会栖息于电线杆上。

灰头情侣鹦鹉主要以地面上的草类种子、从路上行驶的农作物运输车上掉下来的的谷粒和黍粒等为食；也会在郊外或村落捡拾干燥的米粒进食。

灰头情侣鹦鹉分布于印度洋（包括马达加斯加岛及其附近岛屿，马达加斯加低地和沿海地区），曾经引进马斯卡瑞尼和科摩洛群岛、席赛尔群岛、桑吉巴和马非亚群岛。

73

● 鹦鹉有"文化"

人们喜爱这些美丽的飞禽，为它们发行邮票，建立网站，组织保育协会，设定保护区。鹦鹉与人类的文明发展息息相关，它们也是人们最好的伙伴和朋友。在长期的驯养过程中，鹦鹉带给人们不少的欢乐，甚至能帮助人们治愈疾病。在位于加勒比海的多米尼加共和国它被奉为国鸟，这个国家的国徽上是一只名叫"西色罗"的金刚鹦鹉，它是这个中美洲岛国独立自强的象征。

表演才能 >

鹦鹉聪明伶俐，善于学习，经训练后可表演许多新奇有趣的节目，是各种马戏团、公园和动物园中不可或缺的鸟类"表演艺术家"，深受大众喜爱。

在香港著名的海洋公园中就有精彩的金刚鹦鹉表演，它们可以在钢丝上骑自行车、拉车、推磨、翻跟斗、跳交谊舞、打篮球等，每天都吸引了大批来自世界各地的游客驻足观看，流连忘返。一些金刚鹦鹉不仅能叫出100种不同物品的名称，还能辨别物体的颜色、形状和数量等。经过特殊训练的金刚鹦鹉还能协助交通警察指挥交通，看到汽车超速，会马上飞到汽车驾驶室的窗口，对司机说"请你慢行"、"请你停车"等，对维护交通秩序起到了很好的作用。

有一次，巴基斯坦的球队到印度的巴罗德城进行访问比赛，到达以后主人不仅按惯例设宴欢迎客队，而且还在宴会前举行了一次别开生面的欢迎仪式。

他们在宴会厅的中间设置了一个小小的舞台，舞台上有10余只训练有素的鹦鹉。在主人的命令下，这些鹦鹉开始了一系列令人眼花缭乱的演出。首先表演的节目是"荡秋千"，两只鹦鹉一边兴高采烈地荡着秋千，一边搔首弄姿地作出各种滑稽的动作，一出场就博得了运动员和来宾的热烈掌声。接下来的节目是"学开车"，一只鹦鹉开着一辆小汽车跑在最前面，另一只蹬着三轮车紧随其后，还有一只则推着一辆小推车在后面不紧不慢地溜达，车子上还坐着许多小鹦鹉，似乎是它们负责照料的"小宝宝"。最后的节目被叫作"救死扶伤"，一只鹦鹉在行走时，突然作晕倒状，另一只身份为"医生"的鹦鹉马上跑过来进行紧急抢救，还取来一个小听诊器对它进行身体检查，可能是觉得它的病情非常严重，它马上打电话叫来一辆救护车，将有病的鹦鹉迅速送进医院治疗。这场奇特的表演，令客人们赞叹不已，一再对主人安排的这个欢迎仪式表示由衷的感谢。

模仿技能 >

人们对鹦鹉最为钟爱的技能当属效仿人言。事实上,它们的"口技"在鸟类中的确是十分超群的。这是一种条件反射、机械模仿而已。这种仿效行为在科学上也叫效鸣。鸟类没有发达的大脑皮层,因而它们没有思想和意识,不可能懂得人类语言的含义。在英国曾经举行过一次别开生面的鹦鹉学话比赛,其中有一只不起眼的非洲灰鹦鹉得了冠军,当时揭开装有这只鹦鹉的鸟笼罩时,灰鹦鹉瞧了瞧四周道:"哇噻!这儿为什么会有这么多的鹦鹉!"全场轰动。几天后,兴奋的主人请了许多贵宾到家中庆贺,笼罩一打开:"哇噻!这儿为什么会有这么多的鹦鹉!"全场哗然。一心想自己聪明的鹦鹉会说"哇噻!这儿为什么会有这么多的贵客!"而博得大家喝彩的主人十分狼狈。由此可见,鹦鹉学话不过是一种条件反射,并且词汇量也有限。"鹦鹉学舌"在人们的生活中引起的小故事,为人们茶余饭后增添了许多谈资和笑料。

鹦鹉有自己的"名字" >

我们都知道，鹦鹉有着惊人的能力，可以模仿人类说话，可以表演杂技。但是，鹦鹉的语言世界可不仅仅是这样，比我们想象的要复杂很多。

有新研究发现，每一只鹦鹉都有它们独特的"称呼"，是同类用来确认身份的，也就相当于人类的"名字"。但是这些"名字"究竟是哪里来的？研究发现，和人类刚出生的小孩一样，鹦鹉的爸爸妈妈会给它们的宝贝起名字，甚至是在小鹦鹉能够和父母"交流"之前就已经起好了。

康奈尔大学Karl Berg主持的这项研究，在委内瑞拉利用视频照相机来记录绿腰鹦哥的对话过程。研究表明，甚至在幼鸟学会对父母发出啾啾的声音之前，成

年鹦鹉就会给它们起"名字"了。当幼鸟证实在生活中使用"名字"之前,它们会先适应适应。

科学家早先已经了解到鹦鹉之间有独特的"称呼"来区分彼此。这不禁让研究者产生疑问,这些"名字"从何而来?当时的研究者给出了两种猜测:与生俱来的,或者是别的年长的鸟儿,而现在,后一种猜测得到了证实。

研究者将一部分鹦鹉蛋偷偷搬离了鸟窝,让不是它们亲生的小鸟儿占据其中。结果,鹦鹉爸妈们在小鸟很小的时候就已经开始"称呼"它们了。另外,研究还发现,这些幼鸟也从父母的念叨中逐渐模仿自己"名字"的发音。

鹦鹉也并不是唯一拥有"名字"的动物。除了人类之外,海豚也有自己独一无二的名字。研究者认为,"社会交往"可能是促使动物们有自己名号的原因。对于鹦鹉来说,拥有一个名字是在群体生活中方便辨认群体变化和外来者的有效工具。

而这一发现也会有助于推测那些人类和鹦鹉之间"沟通"的有趣故事。

"预知"未来 〉

鸮鹦鹉在毛利的民谣及信仰当中均有丰富的含义。如它们不规则的繁殖周期常与饲果丰收年一同出现,像新西兰陆均松这类数年才结一次果的树木也在它们繁殖的年份结起累累的果实,致使毛利人赞美鸮鹦鹉有预知未来的能力。另一个验证这个说法的理据是来自对它们的一种观察。鸮鹦鹉习惯把它们的浆果埋在僻静的水塘内,以备冬天不时之需;毛利人同样有这个习惯,他们也会为了这个目的,把食物深藏水中。这种独特的传统相信来自毛利人对鸮鹦鹉的观察。

鹦鹉救灾 〉

鹦鹉有时会给主人带来一些意想不到的惊喜。在美国的波士顿市有一个名叫高曼夫的人，有一天在睡梦中被一阵"咳咳——咳咳！"的鬼叫似的声音惊醒，这个声音就来自自己家的客厅。他努力克服着自己惊恐的感觉，蹑手蹑脚地来到客厅中，发现原来是自己饲养的一只鹦鹉发出的叫声，但这只叫"艾略特"的鹦鹉以前从来也没发出过这种叫声。他拉亮了电灯，看见艾略特望着主人，扑棱着翅膀，又"咳咳"地叫了两声，而且显出十分烦躁不安的样子。显然，它有什么重要的话要告诉主人。高曼夫检查了一下鸟笼，见食物和水都不缺，便警

觉起来，想到艾略特可能是凭它特殊的本能，感觉到了某种异常的情况发生。于是，他开始对所有的房间进行仔细的检查，终于发现厨房里的煤气正在"咝咝"地泄漏出来。原来如此！高曼夫大吃一惊，连忙动手检修。否则，煤气泄漏的时间一长，他们一家人肯定会在酣睡中窒息而死。从此，高曼夫一家对它感激不已，视为救命恩人。波士顿市政府得知这件事以后，破例地授予它"好市民"的称号，还颁发给它一枚金牌。

鹦鹉在地震之前也会有一定的反常行为，据我国地震工作者研究，1967年8月20日和

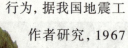

1973年2月6日在四川甘孜县炉堆发生的6.8级和7.9级地震、1970年1月5日在云南省通海发生的7.7级地震、1974年5月1日在云南昭通发生的7.1级地震、1975年2月4日在辽宁海城发生的7.3级地震、1976年5月29日在云南龙陵发生的7.3级地震、1976年7月28日在河北唐山发生的7.8级地震和1976年8月16日在四川松潘、平武发生的7.2级地震前，都曾观察到虎皮鹦鹉、绯胸鹦鹉羽毛戗起、惊鸣不止等行为异常现象。国外也有此类记录。近年来，我国对震前动物行为异常活动的观测和研究方面取得了很大进展，特别是已经发现通常在白天鸣叫的虎皮鹦鹉，每天开始鸣叫和终止的时间都较为准确，并且随着日照的长短呈现有规律的变化，形成非常稳定的昼夜节律。一些地震观测站的长期、连续观测表明，在5级以上的中强地震发生的前几天，虎皮鹦鹉鸣叫的昼夜节律就会出现明显的反常现象，有的夜间也会发出多次异常叫声。因此，利用声谱仪对虎皮鹦鹉叫声的声谱进行长期记录和分析，并结合对其行为的观察和研究，则很有可能在今后为有关部门作出临震预报提供参考。

鹦鹉提供证据 ＞

　　1984年8月，美联社曾经报道了一则新闻：在美国得克萨斯州的贝敦市，有一户名叫哈里斯的人家夜晚被小偷撬窃。虽然这个案件还算不上大案要案，但警方也颇为头痛。一是被盗者哈里斯先生是当地某大报社的董事，此案不破，肯定会遭到该报的猛烈攻击，有损警方声誉；二是窃贼相当狡猾，显然是惯犯，现场几乎没有留下什么作案痕迹。

　　接连几天，警方虽然卖力地四出侦查，可是一无所获。这一天，警官赫帕又来到了哈里斯先生的家，希望能够发现一点的线索。女主人把警官请到客厅坐下，却提供不出多少对破案有价值的情况。赫帕几乎灰心丧气了。就在这时，客厅里女主人喂养的那只名叫"宝贝"的鹦鹉突然开口了，它不断地重复着两句话："到这儿来，罗伯特！到这儿来，罗尼！"警官赫帕马上询问女主人："夫人，请问您的亲友中有名叫罗伯特和罗尼的人吗？"哈里斯夫人回答说："没有。只是这只会模仿人说话的鹦鹉这些天总是重复这两句话，但它过去从来没说出过两个名字。"赫帕眼睛一亮："请您再仔细地回忆一下，这只鹦鹉学说这两句话，是在盗窃案件发生之前，还是在那之后？"女主人沉思片刻，肯定地说道："是在案件发生之后！""太好了！"警官顿时兴奋起来。他迅速回到警察局，通过电子计算机查找名叫罗伯特、罗尼的惯犯档案。

不出赫帕所料，惯犯档案中果然有这两个人的名字。于是警方很快将两个犯罪嫌疑犯拘捕，并立即进行了审讯。罗伯特、罗尼不愧是与警方打交道的"老手"，面对警官的盘问居然装聋作哑，一问三不知，甚至还反诬警方无中生有，损害他们的名誉。赫帕警官则胸有成竹，他不露声色地暗暗作了布置。第二天，两个嫌疑犯又被带进了审讯室。只见赫帕端坐在办公桌前，双目炯炯，一言不发，只是办公桌上的笼中

还有哈里斯先生家中饲养的"宝贝"。罗伯特和罗尼开始并不以为然，只是渐渐觉得气氛有些异常，突然听到笼中的鹦鹉大叫一声："到这儿来，罗伯特！到这儿来，罗尼！"吓得两人差点儿跳起来，当他们回忆起在行窃的过程中，曾经这样互相召唤过时，只好无可奈何地耷拉下脑袋，老老实实地交待了犯罪的过程。警官赫帕大功告成，他当然明白，这个案子的破获，主要归功于这只聪明绝顶的"宝贝"所提供的"证据"。

鹦鹉助破案 ＞

　　鹦鹉学舌之谜从古到今都引起了人们的莫大兴趣，在我国的古书中还记载着不少关于鹦鹉能言的神秘传说，尤其是有关"鹦鹉诉说思乡之情"、"鹦鹉告密破案"等方面，例如《开元天宝遗事》中就记述了一件鹦鹉告发破凶案的故事。

　　在1200多年前的唐朝天宝年间，京都长安发生了一桩凶杀案，这个案件原本并不是一个特别重要的事件，但由于它的破案过程十分离奇，不但百姓们津津乐道、啧啧称奇，还引起了当朝皇帝的极大兴趣。这个案情其实并不复杂，当时在京城中有一个名叫杨崇义的富商，他的妻子刘氏美貌风流，同邻居李某勾搭成奸，李某常趁杨崇义不在家时，偷偷地溜到杨家与刘氏幽会。水性扬花的刘氏既不愿舍弃杨家的万贯家财，又想同李某结为长久夫妻，于是便同李某商议，设计除掉杨崇义。一天，刘氏在家中灌醉了杨崇义，然后叫来李某，两人用绳子将其勒死了之后，就将尸体埋在后院花园的

枯井里。为了遮人耳目，刘氏让家中童仆四处去寻觅主人，又向官府陈词，谎称丈夫外出经商，音讯杳然，要求官府帮助寻人。县官马上派了两个捕吏进行调查。这两个捕吏通过询问与杨崇义有商务往来的一些客户，以及他的亲友、邻居、童仆等数百人，均无下落，便推断杨崇义很可能已经被人杀害了。但是他是否真的死了，缘何被害，死在哪里，凶手是谁，这一切都不得而知，调查陷入了困境。

有一天早晨，这两个捕吏正在杨家附近查看，试图寻找到与案情有关的蛛丝马迹时，忽然，他们听见廊檐下笼中饲养的一只鹦鹉不停地尖叫着："李某，李某！"两个捕吏顿时心生疑云，立即将李某带到衙门，仔细盘问。李某做贼心虚，前言不搭后语，最后只得一一招认。这桩凶杀案的侦破，几乎完全依靠这只鹦鹉的"告密"，因为它不仅目睹了刘氏与李某的奸情，还能说出"奸夫"的名字，所以大家都认为这是一只能替主人报仇的神鸟。唐明皇知道这件事后，也感到十分的惊奇，当即对这只报案有功的鹦鹉赐了"绿衣使者"的封号，当朝的张宰相还撰写了一篇《绿衣使者传》以彰其功。

> **鹦鹉诗咏**

历代文人骚客咏鹦鹉的诗词也很多：

【朝代】唐朝【题目】鹦鹉【作者】来鹄

【内容】色白还应及雪衣，嘴红毛绿语乃奇。年年锁在金笼里，何以陇山闲处飞。

【朝代】唐朝【题目】采桑子【作者】冯延巳

【内容】画堂昨夜愁无睡，风雨凄凄。林鹊单栖，落尽灯花鸡未啼。年光往事如流水，休说情迷。玉箸双垂，只是金笼鹦鹉知。

【朝代】唐朝【题目】虞美人·鹦鹉学舌【作者】冯延巳

【内容】玉钩弯柱调鹦鹉,宛转留春语。云屏冷落画堂空,薄晚春寒无奈,

落花风。搴帘燕子低飞云，拂镜尘鸾舞。不知今夜月眉弯，谁佩同心双结，倚阑干？

【朝代】唐朝【题目】红鹦鹉【作者】白居易

【内容】安南远进红鹦鹉，色似桃花语似人。文章辩慧皆如此，笼槛何年出得身？

【作者】唐朝【题目】鹦鹉【作者】杜牧

【内容】华堂日渐高，雕槛系红绦。故国陇山树，美人金剪刀。避笼交翠尾，罅嘴静新毛。不念三缄事，世途皆尔曹。

【作者】唐朝【题目】鹦鹉洲【作者】李白

【内容】鹦鹉来过吴江水，江上洲传鹦鹉名。鹦鹉西飞陇山去，芳洲之树何青青。烟开兰叶香风暖，岸夹桃花锦浪生。迁客此时徒极目，长洲孤月向谁明。

【朝代】清朝【题目】采桑子【作者】纳兰性德

【内容】土花曾染湘娥黛，铅泪难消。清韵谁敲，不是犀椎是凤翘。只应长伴端溪紫，割取秋潮。鹦鹉偷教，方响前头见玉箫。

● 鹦鹉学舌

动物界中，为何鹦鹉会说话 〉

　　鹦鹉能言是众所周知的。当然除鹦鹉外，鹩哥、八哥也能学人语。能学人语的鸟首先是善于仿效他鸟的鸣声，自己又是善鸣叫的种类，其次是口腔较大且舌多肉、柔软而呈短圆形。除此之外还具备性情温顺易驯、不羞涩的特点。

　　准备教学的鸟要选取当年羽毛已长齐的幼鸟，老鸟因反应迟钝一般不作教学对象。在教学前要使鸟在笼内或架上能安定地生活，不易受惊并很驯服，愿意接近人。鹦鹉要驯服到人的手能抚摸它的头或背，放开脚链它也不飞走，达到这样程度的鹦鹉教学效果最好。能学人语的鸟中，八哥需捻舌后才能教以人语。有的采用修舌方法，用剪刀修剔舌尖成圆形，但没有捻舌效果好而安全。鹦鹉不必捻舌，驯服后即可教学人语。

不可思议的语言 >

由于"鹦鹉学舌"所引起的发生在人们生活中的小故事有很多，为人们茶余饭后增添了许多谈资和笑料。据说有个人养了一只鹦鹉，他每天教它说"早上好"和"你好"等礼貌用语。可是这只鹦鹉却金口难开，主人教了很长一段时间，它依然是一言不发。主人实在没有办法，就生气他说道："你怎么啦？为什么一声也不吭？"第二天，失望的主人再也不愿意教这只鹦鹉说话了，所以早上起来也没有对它说"早上好"。不料鹦鹉见主人没有向它问早安，心中大为不满，突然大声地责问主人道："你怎么啦？为什么一声也不吭？"

在英国，有一只名叫莫蒂的多才多艺的鹦鹉，它在主人赫德斯的调教下能完成许多人们意想不到的事情，其中干得最出色的就是充当新婚夫妇的主婚人，当地青年格雷格和玛纳的婚礼就是在莫蒂的主持下完成的。

他们的婚礼在赫德斯的办公室举行。开始大家都对莫蒂能否成功地主婚无甚把握，新郎格雷格和新娘玛纳更是显得有些紧张。但当莫蒂跳到新郎和新娘面前的横杆上，尖声地说道："我们相聚在这里……"的时候，这对新婚夫妇和在场的所有宾客都情不自禁地喝彩："真是太棒了！"随后，莫蒂按照预定的程序，尽职尽责地、滔滔不绝地向新婚夫妇

提问，格雷格和玛纳则迫不及待地回答：
"我愿意。"更为有趣的是，这只天才的鹦鹉在宣布他们两个人结为合法夫妻之后，还大讲了一通婚姻的重要性和如何实现美满婚姻的注意事项。新娘玛纳事后说："我们简直不能相信它是在背诵词句，除了几声尖叫外，它几乎与人无异，这个婚礼实在太令人难忘了。"而当婚礼进行完毕，新婚夫妇准备邀请劳苦功高的莫蒂出席招待会，在新人祝酒时，它却飞到了大厅中高高的枝型吊灯上，再也不肯"躬临"了。

在日本，有人养了一只虎皮鹦鹉，一次在飞离住所3天后，到达了30千米以外的一个加油站。加油站的工人们好奇地询问它的名字和来历，不料这只虎皮鹦鹉不仅说出了自己的名字，还说出了主人家的住址。加油站的工人们随后按照它所提供的住址，将其送还给它的主人。这只虎皮鹦鹉见到它的主人后，马上高兴

地说道:"你好! 我回来了!"

一位叫朱利亚·海特的英国妇女饲养了一只鹦鹉。1980年的一天,这只鹦鹉却飞走了,朱利亚急得不得了,可是寻找了很久也没能找到。为了找到这只宝贝鹦鹉,朱利亚甚至还在报纸上登了启事,答应对提供鹦鹉下落的人给予重谢,但仍然没有结果。一直到10天以后,朱利亚家里的电话铃突然响了,来电话的是一个素不相识的农民,请朱利亚到他那里去认领飞走的鹦鹉。朱利亚开始以为这位农民是看到了报纸上的启事,但事实并非如此。

原来,那天鹦鹉在家中呆得闷了,便悄悄地飞了出去,来到了一片树林中。林中的树上结满了各种各样的野果,鹦鹉一边开心地吃着,一边在树林中飞翔,不知不觉地就飞到了小河对面的农庄附近。这时天色已经很晚,所有的野鸟儿都已经归巢了,这只从未离开过主人家的鹦鹉却无法找到回去的路了,只好在树上凄惨地鸣叫着。它的叫声被一个路过这里的农民听到了,便把它捉住,带回了自己居住的小木屋。从那以后,这位好心的农民四处打听谁是鹦鹉主人,却没有什么结果。有一天,这位农民回家后,忽然发现鹦鹉站立在电话机的旁边，一边拍动着翅膀，一边叽叽喳喳地叫着，好像在说着什么。农民仔细地听了一会儿，竟发现它是在不停地念叨着一组六位数字："649712，649712"。农民感到很奇怪，便把这个数字记了下来，猛然想到这会不会就是鹦鹉主人家的电话号码呢？于是，他试着按这个数字拨通了电话，果然找到了鹦鹉的女主人！听了农民的叙述，朱利亚惊讶得简直不敢相信自己的耳朵了，她激动得流着眼泪说道："这真是太不可思议了……太不可思议了！"

西班牙的马德里市有一对新婚夫妇，都是动物爱好者，他们搬进新居后不久，便在家中饲养了很多宠物，其中包括一只善于学舌的鹦鹉，名叫尤尤。尤尤很快便证明了自己是一名出色的模仿天才，不过，它最为乐意学的一句话是："给我一个吻，一个很响的吻。"而且常常从早到晚、整天不停地大声重复着这句话。没想到，由于他们新居的墙壁比较薄，隔音效果不佳，终于有一天，下班回来的新娘在自己的房门上发现了一纸张条，上面写道："亲爱的女士，我深知您新婚不久。但是，您至少也应该让您可怜的丈夫休息几天吧？"

金刚鹦鹉效仿人言 ＞

金刚鹦鹉最吸引人的技能无疑当属效仿人言。虽然它们的鸣叫声嘈杂，十分刺耳，并不婉转动听，但在人工驯养下能够很好地模仿人语和其他鸟类的鸣叫声。它们的"口技"在鸟类中的确是十分超群的。当你走近一只经过训练的鹦鹉的身旁时，它会及时地说出："您好！"当你喂给它食物以后，它也会道声："谢谢！"除了人的语言，它还能够学会铜管乐中小号的鸣奏、火车的鸣笛声，模仿狗叫以及其他鸟类的鸣叫等等。据说，有一只金刚鹦鹉的主人嗜酒，醉酒以后有时便对着架上的金刚鹦鹉说出一些音节模糊的话。久而久之，这只金刚鹦鹉也就学会了这些"醉话"，并且常常当着客人的面突然将这些"醉话"说出来，弄得大家莫明其妙，啼笑皆非。在鸟类中，还有一些善于模仿人语和其他叫声的种类，如八哥、鹩哥等，但都比不上金刚鹦鹉的口齿伶俐、活泼可爱。因此，说它们是鸟类中"巧言善辩"的冠军，肯定是当之无愧的。

训鹦学舌 ›

"鹦鹉学舌"这句成语，往往被用来比喻别人怎么说，也跟着怎么说。鹦鹉善学人语，世人皆知，一只训练得好的鹦鹉能说好多句子，甚至还会唱歌。

训练鹦鹉说话，首先要使它和人亲近，对人没有恐惧感，然后才开始教它说话。每天给鹦鹉充足的水和食物，保持清洁，使它精神愉快。

调教鹦鹉，以清晨为好，因为鸟在清晨较为活跃。训练时的环境要安静，要有耐心。发音清晰，不含糊。选择的语句简单明白。每次只能教一句话，数天反复教这一句，直到鹦鹉学会，学会后还要巩固。在它没有熟练前，千万别教第二句。否则，会把鹦鹉搞糊涂的。当所教语句较长时，可以分段训练。

在教鹦鹉说话时，如果发现它不注意声音，而专门注意人时，人就应该藏起来，只发出声音教鹦鹉，这样，鹦鹉才会专注学语。平时教话时，人也不应太靠近鹦鹉。

● 鹦鹉轶闻故事

古书中的鹦鹉趣闻 >

　　我国饲养鹦鹉和训练学话的历史非常悠久,早在《山海经》卷二之"西山经"中就有"又西百八十里,曰黄山,无草木,多竹箭。盼水出焉,西流注于赤水,其中多玉。……有鸟焉,其状如,青羽赤喙,人舌能言,名曰鹦鹉"的记载。西汉《礼记》中也有:"鹦鹉能言,不离飞禽"之说。晋朝张华在《禽经注》中记载:"鹦鹉,出陇西,能言鸟也。"唐朝诗人咏鹦鹉的诗句甚多,如白居易有:"陇西鹦鹉到江东,养及经年嘴渐红。"朱庆余所作的《宫中词》有:"寂寂花时闭院门,美人相并立琼轩。含情欲说宫中事,鹦鹉前头不敢言。"这是描写宫女们害怕在鹦鹉面前说出心事,就会被能说会道的鹦鹉泄露,祸及其身,表达了被禁锢在深宫之内的宫

女们愤懑的心情。古典名著《红楼梦》第三十五回中，更有几段十分有趣的描写：

"……那鹦哥又飞上架去，便叫'雪雁，快掀帘子，姑娘来了！'""……那鹦哥便长叹一声，竟大似黛玉素日吁嗟音韵，接着念道：'侬今葬花人笑痴，他年葬侬知是谁？'"

我国古代有关鹦鹉的故事传说也很多，例如在《玉壶野史》中，提到当时吴地有一个姓段的大商人，排行第二，人称段二郎。他饲养了一只灵慧过人的鹦鹉，能吟咏世间流传的许多诗句，甚至李白所作的宫词等。每当客人进门，它就会响亮地呼唤仆人："上茶！"并会向客人问寒问暖，寒暄一阵。因此主人对它非常珍惜，不仅精心喂养，还不时地向别人夸耀一番。后来，段二郎不幸因事入狱，半年后才释放回家。他一到家，就到笼子前，对鹦鹉说道："鹦哥，我在狱中关了半年，不能出来，从早到晚只想着你，你还好吧，家人是否按时给你喂食？"不料鹦鹉却回答道："你才不过在狱中囚禁了半年，就受不了了，我却已经在笼中被关了好几年了，我们的感觉没有什么区别。"段二郎听了，很有感触，于是特意准备了车马，带着这只鹦鹉到了秦、陇一带，打

开笼子，一边流着眼泪，一边将它放飞，并对它说道："你回到以前生活的地方去自由飞翔吧，好自珍重。"鹦鹉听了主人的话，竟徘徊流连，似乎不忍离去。后来路过这里的人们，常见这只鹦鹉在官道边的树梢上栖息，只要有吴地的商人驱车进入秦地，它就会说："客人回去后，请看看我的段二郎是否平安，对他说鹦哥非常想念主人。"

在唐朝郑处诲所著的《明皇杂录》中还有一个传说，唐朝开元年间岭南有人献给唐明皇一只羽毛洁白的鹦鹉，聪明绝顶，唐明皇让杨贵妃教它念佛经中的《多心经》，它竟能记诵精熟，因而深受

皇帝和贵妃的宠爱，取名"雪衣"，又叫它"白娘子"，将它饲养在金丝笼里，视为掌上明珠。

"白娘子"不仅洞晓言辞，而且乖巧过人。每当唐明皇与贵妃、大臣们对弈，它总是在一旁仔细观瞧。一旦唐明皇稍呈输势，便会叫一声"白娘子"，它马上心领神会，立即飞到棋枰中间，翩翩起舞，把棋子搅得乱七八糟，还用喙啄贵妃、大臣们的手，使棋无法再弈下去，这样就避免了皇帝输给贵妃或臣子的难堪。"白娘子"完成了使命，就会马上蹦到唐明帝面前，讨好似的在他的怀里蹭来蹭去。唐明皇也高兴地把它轻轻地握在手里，抚摸

着它洁白的羽毛，当然也忘不了奖赏给它一些喜欢吃的食物。

后来有一天，唐明皇和杨贵妃在园中游玩，看见了雪衣，就对它开玩笑说："你若能作偈语求解说，便放你出笼去自由飞翔。"不料雪衣却吟咏了一首诗："憔悴秋翎似秃衿，别来陇树岁时深。开笼若放雪衣女，常念南无观世音。"唐明皇和杨贵妃听了，十分伤感，只好打开笼门，将其放飞了。

101

你知道《里约大冒险》中的主角已灭绝了吗 ?

《里约大冒险》掀起了一股鹦鹉热，其中的主角是一只长着蓝色羽毛的鹦鹉。很多人会以为它是蓝紫金刚鹦鹉，实际上它并不是蓝紫金刚鹦鹉，它已经灭绝了。

早在1819年，德国自然历史学家斯皮克斯在巴西北部发现了一种长着蓝色羽毛的鹦鹉。于是把它命名为斯皮克斯金刚鹦鹉。由于体长只有大约55cm，相比其他大型金刚鹦鹉较为小巧，斯皮克斯金刚鹦鹉又名小蓝金刚鹦鹉。

小蓝金刚鹦鹉有着鸟类的"蓝精灵"的美称，它们主要分布于南美洲，包括哥伦比亚、委内瑞拉、阿根廷等地的热带雨林地区，并不仅限于巴西。

在20世纪，巴西为了发展经济，不惜大面积砍伐原始森林。使得在过去30年里，世界上最大的雨林区亚马孙雨林区已经有1/6遭到严重破坏。

另一方面，1956年巴西引进了西非蜜蜂，与欧洲蜜蜂杂交形成新品种，性情凶暴且攻击性强，又被称为"杀人蜂"。这种杂交蜜蜂成为小蓝金刚鹦鹉的天敌。当它们在同一棵树上筑巢时，蜜蜂会攻击并蜇死鹦鹉。

最让人痛心的是，小蓝金刚鹦鹉异乎寻常的美丽，吸引了盗猎者的注意。它们被捕捉后在市场上出售，以供应私人收藏者。就像电影中的布鲁一样，它还在幼年的时候就被走私者贩运到美国。作为宠物，布鲁在长期的人工饲养下，甚至连飞翔都不会。

接连的打击之下，从20世纪70年代开始，小蓝金刚鹦鹉的数量急剧下降。1986年，世界上只剩下了3只野生小蓝金刚鹦鹉，其中一对繁殖鸟和一只孤鸟。此后仅一年的时间，其中2只先后被盗猎者抓走，只剩下了1只雄鸟。正如电影中的布鲁一样，现实生活中的这只野生小鸟也在努力寻找另一半。在筛检了相关条件之后，一只在1987年从野外抓来的雌鸟吸引了科学家的注意。他们认为这只名叫娜塔莎的小鸟很可能是雄鸟的前任伴侣。

果然，它们相处得非常愉快。正当大家期盼这对世界上仅存的野生小蓝金刚鹦鹉繁育后代时，悲剧发生了。1995年娜塔莎被野放的两个月后，它碰触了一条输电线身亡。

现实生活中的这只布鲁，彻底成了"孤家寡鸟"。它后来尝试过数次恋爱，甚至和一只不同种类的野生紫蓝金刚鹦鹉建立家庭。最终，这对不同寻常的爱侣在1999年孵化出两只幼雏。但就在生育大计刚刚起步时，鸟爸爸突然消失不见了。

如今，科学家认定斯皮克斯鹦鹉已经在野外绝迹，并将其列入《世界自然保护联盟濒危物种红色名录》中的极危级别。这本目录上，在全球9856种尚存的鸟类中，至少有1244种濒临灭绝，而62种被列为"数据不详"的鸟类，其中多数可能早已在地球上消失了。

● 宠物鹦鹉

宠物训练 ＞

用食物来打好关系。一般说来在刚离开母鸟或从鸟店买回家时，它们都很怕人，而且常会钻到黑暗的地方躲起来，这个时候你不要急着喂它们！最好是确定小小鸟空腹了好一阵子，让它们有饥饿感，那时再用温热的饲料引诱它们来吃，你才能在它们的印象中取代母鸟的地位，成为它们心目中的鸟爸爸、鸟妈妈。之后喂食就可以固定了，看个人时间，一天三次或四次，每次的喂食时间都是很重要的，你的目标就是要小小鸟跑过来跟你索食，而且距离要越来越大，但是不能操之过急，像一开始的时候它可能什么都不懂，自然也不懂得索食，你可别因为它不跑过来就不喂它。

训练一：练习手上索食

在它们跑到你身旁索食时，你就可以训练它们要爬上你的手指才有东西吃，一开始可以把喂食的汤匙拿高，手指放在地上，当它们爬到手指上时就将手

上升到鸟可以吃到食物的地方，如此一来反复训练，当你手指伸出来时，它们就会很习惯性地跳到你手上。

训练二：练习爬楼梯

在站得稳、会自己跑到人的手上之后便可以开始这个步骤，当鸟儿在一手的手指上时，伸出另一只手的手指，缓缓地抵着鸟儿的下腹部让它再站上来，如此反复，一开始可以以5次为一单位，做完一个单位给予轻柔的抚摸或食物的奖赏，单位跟次数都可以依情况增加，直到鸟儿习惯，这样做也是让它们以后会很习惯性地跳到你的手指上，跟前面训练一的后半段有点像。

训练三：练习呼名索食

使鸟儿飞到你的手上在前面都有基础了，鸟儿也学会飞行了，这时还是要持续地训练一阵子，跟训练一的方法一样，在喂食时呼唤鸟儿的名字并将手伸出来，它如果饿了就一定会跑过来吃，以后自然地就会对你喊的名字及你将手伸出的动作有反应而自动飞过来了。

你了解鹦鹉的依赖性吗 ＞

几乎所有的宠物都会对主人有依赖，鹦鹉也不例外。作为家养的宠物，鹦鹉已经习惯性地把主人看作它的同伴，再加上鹦鹉通常是一夫一妻制，所以说，鹦鹉的依赖性比其他任何宠物都来得强烈。

有的主人会抱怨：我家的鹦鹉简直太黏人了，我一离开就叫，恨不得天天黏着我。是的，在养鹦鹉前你就要做好这样的心理准备，至少每天要拿出3~4个小时陪伴你的宠物鹦鹉。和它做游戏、说话、理毛等等。鹦鹉的敏感和专一决定了它对主人强烈的依赖，我们往往会看到经过好几次倒手的鹦鹉会存在一些行为问题，这是心理障碍的表现。灰鹦鹉长时间远离主人甚至会产生咬毛等自残行为。

同品种的鹦鹉习性相同吗 >

总的来说，不同种的鹦鹉之间，存在着较大的差别，有的能言，有的擅演。可就像人一样，即使是同一种类的鹦鹉，也存在着个体差异。

比如一只塞内加尔鹦鹉，嘴笨不会说话，肢体却很灵活，经常爬上爬下，想让人挠挠头的时候会用一只爪子抓着头看你。而另一只塞内加尔鹦鹉则不同，动作笨拙，却擅长学舌，甚至会自己组织语言，很神奇。

所以说，鹦鹉是一种高智商的动物，有着自己的个性和脾气，一部分是天生的，还有大部分和它接触的环境、主人的行为习惯是分不开的。主人的日常活动会在无形中给自己的爱鸟打上烙印。没有蠢笨的鹦鹉，只有懒惰的主人。

你了解鹦鹉的紧张和恐惧吗 ❯

鹦鹉是一种高智商的动物，不要把它想象成仅仅需要吃饭、睡觉那么简单。有的人因为自己家的鹦鹉爱咬人而不喜欢它，可要知道鹦鹉咬人的原因大多是因为紧张和恐惧。

有一只胆小的鹦鹉，平时做事总是小心翼翼，容易受到惊吓，就算给了它好吃的零食，它也是叼着到安全的地方去吃。它非常容易咬陌生人。但它也有它的优点，能做一些较高难度的肢体动作，主人就经常表扬它的优点，忽略它的缺点。一点点地，它开始去信任和接受别人的抚摸，变得比较温顺了。所以，鹦鹉的紧张和恐惧是可以慢慢消除的，最终会成为一只可爱的鸟。

鹦鹉在转换环境或受到惊吓时会没有安全感，可能做出一些自卫的举动比如咬人，甚至如灰鹦鹉这样的敏感鸟儿会咬毛自残。作为一个合格的主人，要理解并耐心纠正它们，相信你的爱鸟在爱心的照料下会带给你惊喜的！

鹦鹉也有小脾气吗 ＞

　　鹦鹉也有小脾气吗？答案是肯定的。大部分的家养鹦鹉都有共性：自私、小心眼、爱吃醋、记仇等等。不过，这也正是鹦鹉区别于其他宠物的可爱的一方面。

　　如果你能接受甚至欣赏鹦鹉的这些小脾气，你会发现它有着其他宠物所没有的种种好处，比如善解人意、黏人、活泼、照顾简单，有的还会模仿你的语音语调。鹦鹉有小脾气是因为它们聪明，情绪复杂。在它们感到受冷落的时候会想尽办法获得主人的青睐。

　　读懂了鹦鹉的这些小脾气，就尽情享受小家伙为你带来的乐趣吧。

如何理解鹦鹉的好奇心 〉

我们都知道,鹦鹉是好奇心很重的,这也就是为什么它们聪明的原因。可鹦鹉的这种好奇心往往不被主人理解,被认为是淘气、不懂事、没事找事等等,这可是会让小宝贝儿们伤心的。

其实,鹦鹉的日常活动是不仅仅满足于吃和睡的,它们还要积极地探索世界。当对一件事物发生兴趣时,你可以观察到它们的眼睛会瞪得圆圆的,有的甚至还歪着脑袋,先是瞅一会儿,紧接着就会用嘴去试探,确认没危险后就放心大胆地嚼起来啦!这时候你越是阻止它,越会激发它的好奇心。正确的方法是,若是不太重要的东西,可以置之不理,若是重要的,就用好吃的转移它的注意力。平常可以多给它些玩具来满足它的好奇心。

鹦鹉的大小和智力程度有关系吗 〉

首先，鹦鹉会不会说话和智力是没有关系的，而和它们的生活环境、主人的耐心程度和它们自己的心情都有关系。可见，大部分都是后天的因素。我们不能因鹦鹉不会说话就说它笨，小型鹦鹉也有会说话的。

不论大鹦鹉还是小鹦鹉都很聪明，有心计，还懂得察颜观色，喜欢和人互动。只不过，一些大鹦鹉较为稀少和名贵，成了很多人炫耀的资本。其实就宠物性而言，两者都是一样可爱的。

鹦鹉可以陪伴我们多久 ＞

家中有了鹦鹉这个小精灵陪伴，相信会为你增添不少乐趣。时间长了，聪明可爱的小鹦鹉会和你形影不离，哪怕你离开片刻，它也会急着吵着要见到你，而你也会牵挂着它。这么可爱的小精灵，自然会希望它能多多陪伴你几年。那么，鹦鹉的寿命有多长呢？

不像狗、猫这类宠物大多数都能活十几年，鹦鹉的寿命和它的种类有密切关系。常见的小型鹦鹉如虎皮、牡丹等寿命可以是5~7年；中型鹦鹉如折衷、锥尾、绯胸等等，寿命是20年左右；而大型鹦鹉像金刚、葵花、灰鹦鹉等寿命可以高达50年之久。当然，这也和饲养条件、饮食水平等密切相关。

可以说大多数鹦鹉寿命是比较长的，可以陪伴我们的时间自然也比较长，在漫漫岁月当中，自然会和主人建立起深厚的感情。值得我们注意的是，鹦鹉不喜欢频繁更换主人，这对它们而言是一种情感伤害，需要很长时间才能修复。所以说，我们对鹦鹉的感情一定要从一而终哦！

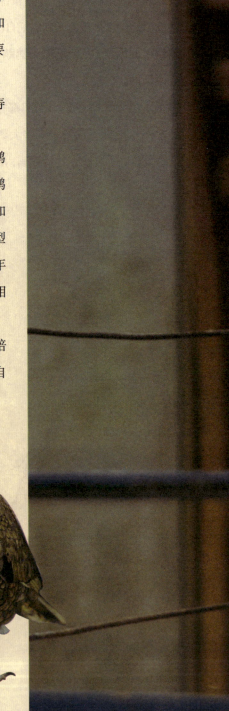

家养鹦鹉的"天敌"有哪些 >

我们知道野生鹦鹉在它们的栖息地会有众多的天敌，比它们体型大一些的杂食和肉食动物，不管是天上飞的地上跑的树上爬的，都可能威胁到鹦鹉的生命安全，更别提形形色色的盗猎者了。成为家养宠物后，鹦鹉似乎没有了天敌的侵扰，可我们也不能掉以轻心。

敬告家中养鹦鹉的朋友们，即便家中没有能威胁到你宠物鹦鹉的"天敌"，不见得屋外也没有，像老鼠、黄鼠狼、蛇、野猫都是夜晚流连在窗外寻找合适机会的"杀手"。所以到了晚上最好把鹦鹉放在家中，不要放在院子里，或者挂在阳台上。尤其是小区周边绿化很好的家庭，或者是处在郊外的家庭，晚上也最好不要把鹦鹉放在窗边，应放在远离窗户的位置，并且锁好门窗。

FEN NU DE YING WU

哪个性别的鹦鹉宠物性更好？

大家现在都认同孩子是生男生女一样好，那么拿鹦鹉来说，虽然公鹦鹉和母鹦鹉在性格上有所不同，但这并不是影响宠物性的决定因素，关键看个人爱好。

选鸟就像选鞋，喜欢不喜欢，舒服不舒服只有自己知道。而且选鸟是急不得的，不经过和鸟三番两次的接触是不好作决定的。下面我们来了解一下鹦鹉公母的性格差异性。

在野外，公鹦鹉处于保卫家园的重要位置上，常常具有支配欲和侵略性，因而家养的公鹦鹉互动性会比较好，它们独立、好奇、聪明，善于模仿和交流，愿意和不同的人接触。而相比之下，母鹦鹉更加内向害羞、敏感多疑、固执己见，而且依赖性很强，常常会有只认自己主人而不愿意接近陌生人的情况。所以我们在和不同性别的鹦鹉接触时，要考虑到它们的性别差异。对待母鹦鹉我们需要鼓励它和客

人交流，而且更加温柔有耐心一点，因为在它眼里，你是善于社交的"老公"的角色哦！

公鸟母鸟都有它可爱的一面，所以我们在挑选一只鹦鹉时，要记住你和它之间的互动和互相吸引比性别差异更加重要，你们之间是互相选择，不用太执著于"公鸟更可爱"或者"母鸟更恋主"这样的言论。

115

知道鹦鹉也有左撇子吗 ＞

　　可以观察一下你家的鹦鹉常常用哪只爪子抓东西吃？喜欢用哪只爪子挠痒痒？通过一段时间的观察你就可以发现，其实鹦鹉也是分左撇子和右撇子的，很奇特吧！

　　鹦鹉和人是一样的，都有惯用身体左侧或者身体右侧的习惯，有科学家研究过，发现鹦鹉中大约47%是左撇子，33%是右撇子，其他的是两侧并用。更有

意思的是，年龄比较小的鹦鹉会先尝试着两侧肢体都用，然后决定惯用哪一侧。不光是爪子，鹦鹉也会惯用左眼或者右眼。这种惯用单侧肢体的倾向是一种好现象，这使得鹦鹉在做事的时候更有效率，更直截了当。

　　如果还没有仔细观察过你家的鹦鹉，那么就好好观察一下它是左撇子还是右撇子吧，会很有意思哦！

鹦鹉的玩具有多重要 〉

常常有一些主人诉苦，说鹦鹉破坏力太强，把家里的柜子、沙发都啃坏了。不得已把鹦鹉长时间关在笼子里。

其实，我们只要提供一个合适的环境，完全可以避免鹦鹉破坏家具。鹦鹉的嘴是不断生长的，它们需要一些坚硬的东西来磨嘴，否则就会没有办法进食了。当它周围没有这样的硬东西时，它会到处寻找，我们会看到有的鹦鹉总是喜欢啃笼条，那也是磨嘴的一种方式。这就需要我们提供一些利于它们啃咬的东西，也就是鹦鹉玩具。

鹦鹉玩具可以在宠物店和网店上买到，也可以自己动手做，把一些小木块和小瓶塞用铁丝穿起来就可以了，很简单。不断变换的鹦鹉玩具既可以让鹦鹉健康，也可以免却它们的心理疾病。

鹦鹉脚环有什么用 〉

鹦鹉脚环有封闭式和开放式两种，为什么要给鹦鹉戴上脚环呢？

首先，脚环是鹦鹉出生的鸟舍的标志，从正式繁殖场出来的鹦鹉脚环上都有特定的编号，被记录在案，可以查到，丢失的危险降到最低。但是这类脚环是封闭脚环，必须在雏鸟爪子很柔软的时候才能轻易戴上。

而且，戴着全封闭脚环的鹦鹉也意味着它是一只人工驯养鸟，很多国家，甚至州与州之间的鸟类贸易都借助密封脚环来识别驯养鸟，以此来打击非法野生鸟贸易。

另外还有一种可以打开的脚环，是开放式的。这是专门为成鸟设计的。八字环、U形环等可以连上链子将鹦鹉控制在一定范围内活动。很多动物园都使用一些"开放式"脚环来识别他们的鸟。例如，雄鸟戴在右脚；雌鸟戴在左脚。在欧洲，很多动物园甚至使用彩色塑料材质的脚环，这类脚环也可以识别鸟的性别、年龄等等。

栖杆与鹦鹉健康有什么关系 〉

鹦鹉的日常生活中,站着、玩耍、甚至追逐打闹、吃饭,都要立于鸟笼或者鸟架的栖杆上面,栖杆对于鹦鹉而言作用极大,所以栖杆的选择对于鹦鹉的健康十分重要。

首先,我们了解一下栖杆的作用,栖杆不仅仅是鹦鹉站着的工具,鹦鹉用它强有力的爪子抓住这根栖杆的时候,栖杆的厚度、长度直接决定鹦鹉能不能在上面自如地走动和玩耍。鹦鹉只有在安全的地方才能自如地抓痒、梳理羽毛、和同伴玩耍等等,一根栖杆要恰好能让鹦鹉抓得住、抓得稳,就要有一定讲究。一根

栖杆的粗细就要跟我们手指的中指差不多,鹦鹉才能牢牢地抓住,我们让鹦鹉到手上来玩耍的时候,也常常伸出手指让其站于手指上面,大家比一比就知道,跟中指粗细差不多的栖杆是最标准的。

其次,栖杆的长度就要视鸟笼放栖杆的位置的直径的多少而定,假如太短的话,根本就不能把两端牢固。还有,太细的栖杆鹦鹉不能抓牢,抓牢一根瘦巴巴的栖杆,鹦鹉就很可能翻空往后倒,这威胁到它的安全。栖杆的长度一定要恰到好处,太长的话也不行,两端都伸到外面来了,在搬动鸟笼的时候,如果一不小

心碰到障碍物，很可能就会将鸟笼碰翻了，放在离窗帘近的地方就要当心当风力大的时候，如果窗帘飘起来卡住栖杆伸出来的地方，这会威胁到小鹦鹉的安全。

第三，栖杆的选择。鸟友自制的栖杆可谓五花八门，有的用布条裹住一根比较细的竹子或者是用报纸裹成圆柱，然后封上胶纸让鹦鹉站，这样的不好。用布条的不耐鹦鹉啃咬，鹦鹉常常需要栖杆来磨嘴也磨爪子，布条很容易让鹦鹉撕开而且吞食。如果是用整条贴上胶纸的来做栖杆，结果也一样，鹦鹉也会去啃咬，在清洗鸟笼的过程中，栖杆上面的胶纸会日渐脱落，当鹦鹉不慎吃下胶纸就更麻烦了。最好的就是用树枝做的栖杆，天然而干净，鹦鹉在上面磨嘴啃咬也不会有危险，但是有些树木是有毒的，如何选择呢？像一些常见的如樟树、果树（如芭乐）、茄冬、铁刀木、桃花心木、柚木、桐木、茶树等都可以用，其实有毒的树枝并不多，一般有毒的树枝都是花果叶，还有有白色汁液的树枝不要用：如夹竹桃、圣诞红等。

第四，鸟友时常忽略的一个问题，就是栖杆的导热性。在众多金属当中，银的

导热率是最高的，所以银的导热性能最好。在给鹦鹉购买或者制作金属栖杆的时候请注意栖杆的导热性能，在其中大多数的鸟友会用铜铝铁等常见的材料给鹦鹉做栖杆。导热率越大，导热就越快。

我们一年有四个季节，春夏秋冬各个季节的气候均不一样，在炎热的夏天，用导热性能好的栖杆能帮鹦鹉迅速地降温，使其在上面站着感觉凉爽，可以安然度过炎炎夏天。要是在冬天，用导热性能好的栖杆给鹦鹉站就不妥了，这根栖杆会迅速将鹦鹉的体温降低，使其极容易感冒，全身发抖，甚至还会有其他病状发生。当一只鹦鹉生病的时候，保温工作是最重要的，这时你要想想在冬天站在冰块上面是什么感觉了。在不同的季节，请鸟友谨慎选择栖杆，必要时应随着季节更换。在夏天就选择金属类型和树枝都可以，在冬天一定不要用金属栖杆，你的鹦鹉只有拥有一根真正适合它的栖杆，它才能健康陪伴你左右。

养鹦鹉需要怎样的环境 ＞

一个真正爱鸟的人，是在人文意义上关心生命的人，你在买鸟之前就应该想到你的鸟的安全。你要先了解你要买的小鸟是什么品种，叫什么，吃什么，原始种的产地是哪里，它的生活习性如何，产地的地理环境、气候如何？因为小鸟到家后，你提供的环境越接近原产地的环境，鸟就越能尽快平安地适应你家的环境。然后才能开心地生活，并繁衍后代。

对小型鹦鹉而言，牡丹（包括带白眼圈的头类，如棕头、面罩，以及不带眼圈的桃面类）原产于非洲中南部；玄凤和小虎皮出产于大洋洲；横斑、太平洋出产于南美以及太平洋的某些岛屿，基本上在南北回归线之间。原产地基本上气候都比较炎热，要么是热带大陆气候、热带草原气候、

热带荒漠气候、热带雨林气候等等。这些地方地理有一个特性就是气温比较高，或湿润或干燥，或者一年分旱季和雨季。

不管什么气候，在每年雨季来临初期和雨季尾声，气候温暖湿度适中，食物充足，就是鸟类繁殖的大好时节。类比过来，在中国的春夏之交和秋季就是鸟类繁殖的旺季。那么你养的鸟就要注意提供接近这样气候的环境。过于潮湿的天气要放室内，过于冷的天气要放室内，基本上气温在10℃以下就不要放室外，繁殖的鸟更要注意不但气温不可过低，温差也要避免过大。比如春天的广东白天气温可以达到20℃以上，但是晚上只有10℃左右，虽然相对北方已经很好，昼夜温差却高达10℃。这样的气温对一般鹦鹉没关系，对产卵育雏的鸟就有很大的威胁，温差过大，鸟的适应性差，自保尚且困难，就不用提繁殖了。所以，虽然饮食充足，环境安静，亲鸟仍然弃窝。

鹦鹉饮食 〉

基本的饮食须知包括：

1. 清水（每天更换数次）。

2. 合成粮（包含各种维生素及矿物质）。

3. 新鲜蔬果（切割后适合你爱鸟的体型）供给水分、维生素，不同种类选择及趣味。

4. 不要给它细沙石，吞下太多对胃囊有不良影响，甚至死亡。

5. 钙片和墨鱼骨对所有鹦鹉都很重要，灰鹦鹉尤其需要。如要供给钙水，请先查询鹦鹉兽医有关分量。

6. 你的爱鸟会很高兴和你一起进食，对你健康的食物它都可以吃，但请注意不要给它牛油果、朱古力、含酒精及咖啡因、高糖、高脂肪和高盐分的食品。

7. 维生素A对组织发展，尤其是窦骨，呼吸系统和咽喉过滤细菌很有帮助。哈密瓜、芒果和甘薯都含有丰富的维生素A。

8. 维生素D$_3$对钙质吸收很有帮助。缺乏维生素D$_3$可引起骨折。鹦鹉可从阳光直接吸收到，但并不是玻璃窗过滤后的光线。鹦鹉大概需要每天25~30分钟的阳光照射。在户外的时候应给它有遮阴的位置，如它觉得热时可以躲避。你亦可以安装全光谱灯在室内，不要离鸟笼超过1米。记着要定期换灯，经长时间使用后全光谱灯可能会失去效用。

请记住：多在户外活动的鹦鹉会比较健康。

鹦鹉为什么爱睡觉 〉

常常有养鹦鹉的人问，为什么鹦鹉那么爱睡觉啊？确实，它们好像总也睡不醒的样子，有的人因此怀疑它们生病了，其实这是它们的天性使然，不必过于担心。

在野外的鹦鹉除了吃和玩之外，就是睡觉了，可以说睡觉占了它们绝大多数的生活时间，它们随时都会打盹。除非你发现它们拉稀、食欲不振、呼吸急促这些典型的生病症状，嗜睡并不代表着不健康。

还有一种观点是需要更正的，不要以为你的鹦鹉是定点休息的。在野外它们当然可以日出而作日落而息，可家养的鹦鹉完全可以随着主人的作息而调整自己的生物钟，它们更需要的是陪伴，试想一下你下班回家，7—8点钟时候，盼了你一天的鹦鹉却被告知该去睡觉了，那是何等心情？时间长了它们遭到忽视的心情带来的害处要远远高于少休息一点的害处。

125

为什么不要让鹦鹉站在肩上 ＞

对于长发的主人来说，发丝可能缠绕到鸟翅鸟脚而不自知，等到组织坏死才发觉。

没有人会忘了自己手臂上站了一只鸟，但肩上的鸟就可能没注意，不小心出门，鸟就飞了。

鸟站在肩上，主人眼睛、鼻子、嘴唇、耳朵等弱点都暴露在外，这很危险。

站在肩上，很难观察到鸟的肢体动作及心情。

鹦鹉若习惯站在肩上，久而久之会认为那是它的地盘，任何人接近它的地盘便可能受攻击。

出于妒嫉的鸟会咬人，但不一定咬外人，提供肩膀的主人可能被咬。

与主人目光平行的鸟，比较自以为是，若心有不如意，便可能咬人。

站在肩上的鸟，很容易躲到主人的颈背后，主人不易抓住。另外鸟还可能误吞下耳环等饰品。

如何保持鹦鹉的体温

　　很多主人在给自己鹦鹉挠痒痒时候会发现爱鸟的体温比我们的体温要高，有的人甚至怀疑爱鸟是不是生病了，其实，鹦鹉是热带动物，它们的体温比绝大多数热血动物比如猫、狗的体温还要高一点的。

　　经过测量，人的平均体温在华氏98.6度，而鹦鹉的体温在华氏107到112度之间，自然是比人体温高一些的。而且，鹦鹉天生没有汗腺，有谁见过夏天鹦鹉身上的羽毛汗淋淋的？所以它们是靠呼吸再加上皮下血管来散热的。

　　饲养得法的健康鹦鹉是会自动随着季节变换而调节体温的，它们每逢冬夏交替的季节会换羽毛，多是脱落冬天的厚绒毛，这就是自动调节体温的方法之一。

　　家养鹦鹉要保证放置在冬暖夏凉的环境下，这样可以帮助爱鸟保证体温。

外出时如何安置鹦鹉 >

我们经常会有和家人外出游玩的需要，此时家中的小动物就不知道如何安置了。小狗、小猫可以多放点吃的把它们锁在家里，短时间外出这种方法是可以的，可是对于鹦鹉我们就不能这样处置了。

在外出前要安顿好你的鹦鹉，最好的方法是将你的鹦鹉寄养到你熟悉的鸟友那里，有了别的鹦鹉做伴，相信它不会过于孤僻，也能得到很好的照料。或者自驾车外出的话，可以让鹦鹉陪伴在你的身边。实在不行，也尽量不要把鹦鹉单独留在家里，让它处在一个相对热闹、不过分安静的环境中比较好，笼子要有足够的空间和多样的玩具，当然，水和食物是必须要充足的。

哪些植物对鹦鹉有害 >

如果你的鹦鹉可以随意在家中游荡，它很有可能被家中种植的五彩缤纷的植物所引。并不是每一种危险植物都是全株有毒的，有时候，造成危害的部分只是种子、叶片或是茎。若是你无法肯定，请先假设整株植物都对鹦鹉具有危险性。家中常见的危险植物如下：

1. 杏仁、桃核以及牵牛花种子中含有氰化物（一种剧毒物质）的前趋物。但是杏与桃的果肉并不会造成任何伤害。

2. 水仙、风信子、黄水仙、百合等室内植物都是有毒的，而含毒量最高的地方为球茎。若是误食，则会造成恶心、呕

FEN NU DE YING WU

吐、腹泻、抽搐等状况，也有可能因此丧命。

3. 某些仙人掌类是具有毒性的，如蓖麻子。黛粉叶类为一种常见的家庭植物，它也具有毒性。

4. 槲寄生的所有部分具有毒性，特别是浆果。

5. 紫藤的种子和豆荚有毒；而紫杉的叶片、树皮与浆果也具有毒性。

6. 有些作为食物的植物也很危险，包括大黄的叶片、马铃薯植株的任何绿色部分。大量食入这些植物可能会导致死亡。

7. 请注意美丽多彩的月桂树，以及其近亲杜鹃花。这些植物都具有毒性。英国长春藤也是祸首之一，其叶片与果实均有毒。

8. 大量食入黄蘗的叶片与茎也非常危险。

9. 圣诞红的全株具有毒性，冬青的果实与绣球花的叶片也是。

10. 请特别小心铃兰，即使是盛装这种植物的容器内的水，也具有毒性。

在给爱鸟充分自由的同时，我们还要保护爱鸟的安全，让鹦鹉远离有害植物。

如何判断鹦鹉的年龄 〉

若是从小由主人养大的鹦鹉，还好判断它的年龄，可我们往往会遇上市场上各种各样的鹦鹉，想要带一只回家至少也该知道它多大了吧，那么怎么判断鹦鹉的年龄呢？

首先可以从羽毛上看，幼鸟的羽毛颜色鲜艳，油光发亮，而老鸟的羽毛相对暗淡些。其次是看鹦鹉脚爪上的皮肤，幼鸟的呈红褐色，较细嫩光滑，而老鸟的呈灰白色，这是由于皮质增厚造成的，而且会有鱼鳞状的爆皮。再有幼鸟的嘴颜色鲜亮，光滑，而老鸟的嘴由于角质增厚，多少存在爆皮，且颜色灰暗。还有的品种比如灰鹦鹉、亚历山大鹦鹉、塞内加尔鹦鹉等，看眼睛虹膜会比较明显，幼鸟眼睛几乎都是黑色的，而成鸟眼睛会有白边或黄边，就是我们说的眼白比较多。

鹦鹉可以杂交吗 〉

对于喜欢繁殖鹦鹉的爱好者来说，培育出异形花色的鹦鹉是一种乐事。不过虽说鹦鹉可以杂交，但仅限于在同一属间，体型相差悬殊或血缘太远的基本不会自然繁殖成功。

像同属牡丹鹦鹉、虎皮鹦鹉、玄凤

鹦鹉、横斑鹦鹉、玫瑰鹦鹉等两只不同花色的鹦鹉，可以杂交出不同颜色来，比如两只不同花色的虎皮鹦鹉繁殖的后代中甚至能出现纯黄红眼的个体来，以稀少而名贵。一般来说小型鹦鹉更容易杂交成功，而大型鹦鹉相对难一些，但也有成功的例子，现在市面上已经出现混血金刚鹦鹉了。

不过杂交鹦鹉由于基因的不稳定性，患遗传病的几率要高一些，像红眼的鹦鹉视力就比黑眼鹦鹉的稍差些，身体抵抗力也稍弱。

FEN NU DE YING WU

鹦鹉也会中暑吗 ❯

夏日炎炎，我们在空调房里享受凉意或者吃着冷食的时候，是否会想到我们的爱鸟也有可能会中暑呢？虽然鹦鹉多是来自于亚热带和热带，可不要就此以为鹦鹉是绝对不怕热的！如果在炎热的夏天我们把鹦鹉放在太阳直射的地方，闷热不通风的室内或者路边停着的车子里，都可能造成鹦鹉中暑。

鹦鹉中暑的表现开始是是嘴巴张大、呼吸急促、翅膀张开，这是为了尽快散热，如果达不到效果，随后你就会发现它开始打蔫，最后会倒地休克，如果你还是没有及时为它降温，它会死掉的！

那么对于中暑的鹦鹉，我们应该怎么治疗呢？最关键的就是要马上降低它的体温。可以打开室内的空调或者电扇，往它身上喷一些凉水或者让它站在凉水盆中，尽量把它羽毛弄湿。当你的爱鸟被抢救过来之后仍然不要大意，因为中暑会造成鹦鹉肝肾的疾病，要密切观察几天。

我们在平常也要积极为鹦鹉预防中暑，定期打扫笼舍更换饮水，保持卫生及通风。可以喂一些解暑的食物比如西瓜，但不要喂冰的冷饮冷食等。在暑热特别严重时，我们也可以在它的饮水中滴几滴藿香正气水来预防鹦鹉中暑。

如何解决啄羽问题 ⟩

有用芦荟汁和水来给鸟儿喷洒沐浴而治愈的成功事例报道。芦荟胶汁是无毒安全的，在抑止灼痒方面有奇效。越早治疗，这种令人灰心的问题就会越有机会停止，因为长时间的习惯性啄羽是非常难治愈的。将水和芦荟汁按照4:1的比例调配一瓶混合液。不要向啄羽的鸟儿的裸露皮肤直接喷冷液。根据需要可以多喷或少喷。每日完全浸透法洗澡有助皮肤和羽毛与水化合。对在换羽期的鸟儿，每日的洗澡尤其重要。新羽毛的出现会导致瘙痒和不舒服。如果鸟儿在换羽时期开始啄羽，那就会养成习惯。

厌倦和缺少呵护是导致鹦鹉啄羽的又一个原因。鸟儿出笼或与人互动时间是否减少了？如果是，那就需要增加互动

（每日直接和间接关注至少45分钟）和出笼时间（每日至少3个小时）。提供一些新的和有趣的复杂的玩具和活动。将杂志卷起来塞在笼条之间。将美食和手工玩具用报纸或牛皮纸包裹起来，放在笼底的篮子或纸板盒子中。这些都能提供几个小时的娱乐时间。将大块食物穿在烤肉扦上可以让鸟儿消磨时间和有趣地觅食。一串头上连接的胡萝卜或者一头芹菜都能让鸟儿玩上一阵子。笼中供啃咬和剥皮的安全树枝也很有帮助。撕碎的牛奶纸箱可以给鸟儿作为梳理的玩具。鸟儿撕碎在笼底堆满了的报纸团也许可以作为啄羽的替代活动。打结的皮革带子也可以用来作为玩具，但是要注意带子不要太细，防止鸟儿受到羁绊。啄羽的

愤怒的鹦鹉

鸟儿在幽禁在笼中时候需要"忘我地工作"。通过手喂湿热的食物会让啄羽狂恢复到欢乐的光,令焦虑的鸟儿感觉舒服安全。一些鸟儿啄羽因为它们没有得到足够的睡眠。在家中一个安静的角落安置一个小的睡眠的笼子,每天大约10个小时的无干扰睡眠会有很大帮助。不合适的剪羽经常是导致鸟儿开始啄羽的起因。最好去观察任何人对鸟做的一切。医生、仆人或陌生人不恰当的操作或者因他们而造成的创伤经历对鸟将起到很大的负面影响。这些导致焦虑、害怕和压力的因素会令鸟儿啄羽。不要让任何人在没有你陪同情况下带着鸟儿离开到另外的房间进行操作。一些鸟在第一主人不在时会受到孩子或其他宠物的折磨。禁止这些无监护下的接触。

鹦鹉养殖过程中的问题 〉

1.喂食幼鸟时的错误:担心幼鸟饥饿而过量喂食。在自然界中,父母鸟必须轮流外出觅食来哺育雏鸟,所以雏鸟不可能被喂到嗉囊满胀,因此雏鸟的喂食应该采取少量多餐的模式,而且喂食之前,应先确定上一次喂食的食物均已消化完毕,避免旧食物的积留、发酵而造成嗉囊炎。

2.只喂食瓜子:一般而言,鹦鹉类都喜爱享用瓜子,多数鸟友却以此为它的唯一食物,殊不知此行为会减少鹦鹉采食的乐趣与能力,而且只喂食瓜子容易导致营养不均衡,另外瓜子富含脂质,容易导致肥胖方面的疾病。

3.饲料保存的问题:饲料保存不当而导致食物变质,甚至产生毒素,鸟友不察觉而继续喂食,爱鸟当然会出问题。所以建议依照自己所饲养的数量来选择饲料,大包装当然会较便宜,然而饲料的保存期限不长,只以此点做考量反而会因小失大。除了饲料应储存于干燥、甚至冷藏的环境之外,邀请几个"好友"一起共享会是个好方法,不但成本较低,风险也较低,还可以尝试多种类的产品。

鹦鹉疾病防治 〉

在饲养鹦鹉过程中,常见的疾病有呼吸器官病、消化器官病和寄生虫病等。现介绍其防治方法如下:

1.呼吸器官病:呼吸器官常见的是感冒,其症状是流鼻涕。鸟儿感冒后,应立即移到室内饲养,并给以保温,很快就会自愈。若病情不能自愈,可将硼砂溶于温水中,配成2%~4%的硼酸溶液,用来冲洗鼻孔周围,并喂给金丝雀草种子饲料,以增强抵抗力。也可在饮水中滴几滴葡萄酒或喂给维生素制剂,帮助它恢复健康。

2.消化器官病:由于吃了不清洁的精饲料或饮水不卫生,引起痢疾,病鸟一般排白色浆状稀粪,下腹部羽毛玷污。鸟儿患此病后,主食饲料只喂稗子,并转放暖和的地方饲养,要一鸟一笼隔离,防止传染。在饮水中滴入红酒数滴。重者可使用药物,在饮水中加痢特灵0.01%(每片研碎后加水1000毫升),连饮3天即愈。

3.寄生虫病:虎皮鹦鹉身上的羽虱很多,必须注意消灭。除虱的办法可用兽用消灭清粉或用神奇药笔涂抹。此外,虎皮鹦鹉还受吸血虫的危害。巢箱往往是产生吸血虫的大本营。每次孵窝完毕,要马上用开水烫一遍巢箱,再在箱内涂上对鸟无害的杀虫药BGP水溶液,保持清洁干燥,预防寄生虫。

图书在版编目（CIP）数据

愤怒的鹦鹉 / 于川编著. -- 北京：现代出版社，
2014.1
ISBN 978-7-5143-2098-5

Ⅰ.①愤… Ⅱ.①于… Ⅲ.①鹦鹉 – 青年读物②鹦鹉
– 少年读物 Ⅳ.①Q959.7-49

中国版本图书馆CIP数据核字(2014)第008634号

愤怒的鹦鹉

作　　者	于　川
责任编辑	王敬一
出版发行	现代出版社
地　　址	北京市安定门外安华里504号
邮政编码	100011
电　　话	(010) 64267325
传　　真	(010) 64245264
电子邮箱	xiandai@cnpitc.com.cn
网　　址	www.modernpress.com.cn
印　　刷	汇昌印刷（天津）有限公司
开　　本	710×1000　1/16
印　　张	8.5
版　　次	2014年1月第1版　2021年3月第3次印刷
书　　号	ISBN 978-7-5143-2098-5
定　　价	29.80元